0~3세
기적의
뇌과학 육아

0~3세
기적의
뇌과학 육아

그리어 커센바움 지음
이은정 옮김

컬럼비아대 뇌과학자 엄마가 알려주는
생후 1,000일 애착 형성 가이드

21세기북스

아이의 정신 건강은 생후 1,000일에 달려 있다

2018년, 처음 아이를 가졌을 때 상상한 미래의 내 모습은 이랬다. 매일 적당한 운동을 하고 건강한 음식을 먹으며 명상이나 요가를 한다. 기대와 기쁨이 섞인 평온한 마음을 늘 유지한다. 그렇게 열 달을 보낸 후 자연스레 진통이 시작되면 병원에 가서 자연분만한다. 건강한 아이가 태어난 것을 기뻐하며 아이에게 첫 모유 수유를 한다.

그런데 상상과 달리 현실은 그렇지 않았다. 나는 임신 12주 만에 '완전 전치태반placenta previa' 상태임을 알게 됐다. 태반이 자궁경부를 완전히 덮어 아이가 나오는 길목을 막고 있어, 임신 중에 출혈이 발생할 수 있다고 했다. 나의 상태를 알게 된 즉시 내 건강 위험도는 고위험군 수준으로 높아졌다. 출혈이 생길 수도 있어서 임산부 요가는커녕 임신 기간 내내 거의 움직이지도 못했다. 설상가상 같은 시기에 가족 문제에 얽혀 엄청난 분노와 슬픔까지 겪어야 했다.

수술 일정은 만삭에서 6주가 모자란 34주로 예정됐다. 제왕절개로 미숙아를 낳아야 했다. 아이는 세상에 나오자마자 나와 떨어졌고, 24시간 넘게 아이를 볼 수 없었다. 입원해 있는 동안 의사들은 조산으로 인해 아이의 뇌와 발달에 있을 수 있는 잠재적 위험에 대해 경고했다. 내 아들은 태어나고 열흘 동안 신생아 집중 치료실NICU에 머물렀으며, 나는 3시간마다 1시간씩 아이를 안을 수 있을 뿐이었다. 병원에 있는 동안 나는 제대로 자지도 못했고, 의사들은 모유 수유도 못 하게 했다.

그런데 나는 조산으로 인해 초기에 아이가 받은 스트레스에도 불구하고 내 아이의 발달에 낙관적이었다. 영유아 신경생물학과 정신 건강을 전문으로 연구하는 뇌과학자로서 나는 영아기의 육아 방식이 아이에게 끼칠 힘을 알고 있었다. 뇌과학계에서는 영아기를 탄생 직후부터 3세까지로 정의한다. 이 시기에 뇌의 회로는 경험의 영향을 가장 많이 받는 특유의 미성숙 상태에 있다.

의사가 조산 때문에 아이가 더 위험해졌다는 말을 했지만, 나는 자신이 있었다. 영아기, 즉 3세까지 내가 아이에게 제공할 양육이 임신과 출산, 조산, 신생아 집중 치료실에 있을 때 겪은 스트레스의 영향을 줄이는 건 물론, 나와 내 아이의 뇌의 회복탄력성을 놀라울 정도로 높여줄 것이라는 데 자신이 있었다. 옥시토신oxytocin, 도파민dopamine, 엔도르핀endorphine과 같은 행복 호르몬과 신경전달물질neurotransmitter이 내 아이의 뇌에 활발히 분비되게 할, 그로 인해 아이 뇌의 신경가소성neuroplasticity*을 극대화할 자신이 있었다.

---

* 경험을 통해 뇌가 스스로 신경 회로를 바꾸는 능력

처음 내 뇌과학 이력이 영아 뇌 연구로 시작된 건 아니었다. 초기 연구 목표는 정신 건강에 문제가 있는 성인을 위한 새로운 치료법을 찾는 일이었다. 연구실에 있을 당시 내 꿈은 불안이나 우울, 중독, 만성 스트레스 등 흔히 겪는 정신 건강 문제가 야기하는 고통을 줄일 신약의 개발이었다. 그래서 오랜 세월 우울, 조증, 불안, 학습, 수면장애의 기저에 있는 세포, 유전학, 회로, 행동을 연구했다.

연구를 계속하는 동안 건강한 정신, 건강한 육체, 심지어 성공적인 인생으로 이어지는 데 영아기의 경험이 얼마나 중요한지 알게 되었다. 그리고 어느 날 확실히 깨달았다. 뇌과학은 이미 정신 건강이 초래하는 고통을 완화할 강력한 약을 발견했다는 사실을 말이다. 그 해답은 단순한 알약 하나가 아니었다. 알약일 수도 없었다. 해답은 '예방적 접근법'이었다.

태어나고 3년 동안 아이를 제대로 양육하면 위험을 높이는 유전적 요인의 영향력은 줄고, 스트레스 체계의 통제력과 회복탄력성은 높아진다. 건강한 뇌를 바탕으로 건강한 신체를 가질 수 있는 변화로도 이어진다. 나는 세상에 이 예방의학을 적용하겠다는 마음을 먹고 연구실을 떠났다. 나는 최초의 뇌과학자 둘라doula*로서 여러 가족에게 임신 중, 출산 시, 영아기에 필요한 육아의 뇌과학을 가르쳤다.

---

* 출산과 육아 과정 전반을 돕는 비의료인 전문가

나는 토론토대학교에서 뇌과학 및 의학으로 박사 학위를 취득했으며, 컬럼비아대학교에서는 통합 뇌과학으로 박사후 펠로우십을 수료했다. 이때 영유아 정신 건강 및 뇌 발달을 연구하는 세계 유수의 연구자들에게 수학했다.

이후 뉴욕대학교 의과대학 산하 정신분석연구소IPE, 예일대학교 의과대학 아동연구센터, 토론토 정신분석협회 및 연구소, 토론토 아동병원 내 영아기 정신 건강 증진 기관 등에서 영유아의 정신 건강에 미치는 부모의 양육에 대한 교육을 받은 후 부모들을 가르치고 지원했다. 또한 영유아 및 가족 수면 전문가를 인증하는 유일무이의 전문 훈련 과정도 만들었다. 나는 이 접근법을 '뇌과학 육아nurture neuroscience'라고 부른다.

아이를 직접 낳은 경험은 내게 현실적인 가르침을 주었고, 부모가 되는 과정에서 모든 걸 완벽히 통제할 수 없다는 교훈을 배웠다. 모유를 먹이고 싶지만 젖이 나오지 않을 수도 있다. 집에서 회복하고 싶지만 직장에서는 더 빨리 복귀하기를 요구할 수도 있고, 출산 후 많은 이의 격려와 지지를 바라지만 실상은 외로움을 더 많이 느낄지도 모른다.

나처럼 스트레스로 가득한 통제 불능의 임신과 출산을 겪었을 수도 있다. 게다가 우리는 모두 사회적으로도 충분히 지원받지 못하고 있다. 그러나 우리가 어떤 상황을 겪든 태어나 3세까지 아이가 절대적으로 영향을 받는 것은 양육자의 양육밖에 없다.

건강하고 회복탄력적인 마음은 영유아 때 길러진다

　정신 건강은 대체로 태어나 3세가 될 때까지의 시기에 형성된 복잡한 정서적·인지적 뇌 회로의 변화를 통해 형성된다. 뇌 회로들은 수십억 개의 세포와 수조 개의 연결점으로 이루어져 있다. 침울함, 우울, 불안, 중독 그리고 회복탄력성을 담당하는 뇌 회로들은 태어나 3세 사이에 전부 구축되며, 일평생 유지된다.

　영아기에는 네 개의 주요 뇌 회로가 생성된다. 편도체amygdala, 시상하부hypothalamus, 해마hippocampus, 전전두피질prefrontal cortex이라 불리는 네 영역은 정신 건강, 관계, 인지 등 모든 뇌 기능의 근간이다.

　뇌과학적 관점에서 정신적·정서적 건강은 회복탄력적인 스트레스 체계에 뿌리를 둔다. 스트레스 체계는 상황에 맞춰 내적·외적 위

| 그림 1 | **영아기에 생성되는 주요 뇌 회로**

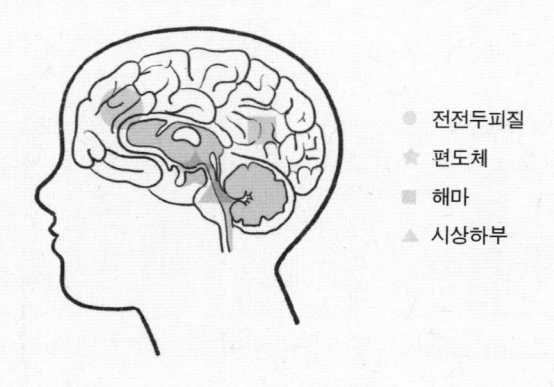

- 전전두피질
- 편도체
- 해마
- 시상하부

협에 대응하는데, 스트레스 체계가 회복탄력적이라는 건 우울이나 불안, 중독 증상 등의 정신쇠약으로 이어질 수 있는 잦은 또는 지속되는 스트레스 상태에서 뇌를 보호할 수 있다는 의미다. 예를 들어 어떠한 위협이 생길 경우 꽤 빠르게 흥분을 가라앉힐 수 있고, 위협이 없을 때는 그것을 인지하지 않게 해준다. 또한 위협이 사라진 다음에도 고조되거나 활성화된 상태에 머물러 있지 않을 수 있다.

자녀에게 무엇을 바라는지 물으면 부모들은 대개 건강한 신체와 정신, 뛰어난 공감 능력과 자신감, 자존감, 지적 능력, 도덕성, 가치관, 유머 감각, 건강한 대인관계, 우수한 성적과 학교생활, 직업적 성공, 잠재력의 충분한 발휘, 좋아하는 일에서 성과를 내는 것, 자기 인생에의 만족, 행복, 열정이나 의미 발견, 다정함, 관대함, 안정감 등의 답을 내놓는다.

이 모든 것들은 회복탄력적인 스트레스 체계가 있어야 가능하다. 바로 영아기가 이 체계를 만드는 시기다. 단 한 명의 양육자와 쌓는 관계로도 정신쇠약을 예방하고 정신 건강을 증진할 수 있다.

아이의 정서지능·회복탄력성·언어능력을 키우는 3년의 시간

이제는 아이를 독립적이고 '예의 바르게' 행동하게 훈련해야 한다고 조언하는 구시대적 육아에서 벗어나, 부모의 사랑과 보살핌이 아이의 뇌와 스트레스 체계의 건강과 회복탄력성을 키우는 과학적 육아로 패러다임을 전환할 때다.

적어도 지난 100년 동안은 출산도, 젖먹이기도, 아이를 돌본 적도 없는 의사들의 조언에 따라 아이들은 나자마자 부모와 떨어져야 했고, 밤에 따로 자야 했으며, 독립심을 배워야 했고, '스스로 진정하는 법'을 알아야 했다. 너무 오래 안아주면 안 되었고, 버릇없이 키워서도 안 되었으며, 너무 많이 그리고 오래 식사하게 둬서도 안 되었다.

또한 달래주거나 오냐오냐해서는 안 되었고, 감정을 받아줘서도 안 되었다. 대신 폭력, 수치심, 분리에 이르기까지 징벌적으로 행동을 교정해야 했다. 아이를 제대로 양육하지 않는 것은 직감과 본능을 거스르는 일이었지만, 우리는 자신의 직감을 억누르는 법을 배웠다.

열악한 육아 문화는 너무 견고히 자리 잡았고, 영아기에 충분한 양육을 받은 사람도 거의 없다. 양육으로 얻을 수 있는 최대한의 회복탄력성이나 정신 건강을 누리는 이도 거의 없다. 이는 곧 우리 아이들을 충분히 올바르게 양육하기 어렵다는 말이다. 지금의 우리에겐 아이들에게 주고 싶은 정도의 충분한 회복탄력적인 스트레스 대응 능력이 없다. 받은 적도 없는 것을 줄 수는 없다.

사회가 여전히 영아를 대상으로 하는 육아 접근법과 그 가치를 깨닫지 못하는 상황에서는 더 어렵다. 나는 아이를 오래 안고 있거나 잘 반응해주는 행동에 당당하지 못해 친구나 소아과 의사에게 거짓말을 한다는 가족들을 많이 만나봤다. 정말이지 가슴이 미어질 노릇이다. 이는 건강하고 회복탄력적인 아이를 키우는 방법과 완전히 반대되는 나쁜 방향이다.

내게 찾아온 보호자에게 처음으로 "원하는 만큼 아이를 안고 있어도 돼요"라고 말했던 순간을 나는 앞으로도 잊지 못할 것이다. 아이의 엄마는 기뻐하며 울음을 터뜨렸고, 빽빽 울어대는 아이를 아기 침대에 홀로 두라는 의사의 지시를 따르지 않아도 된다는 사실에 안도했다.

과학은 아이가 성인으로 자라는 데 양육이 필요하다는 사실을 분명히 보여주었다. 여러분이 부모의 본능을 발휘하게 내가 도와주겠다. 과학 기반의 육아는 부모의 본능과 과학이 만나는 지점이다. 제대로 된 육아를 연습하기 위해 내가 제안하는 방식 일부는 '애착 육아attachment parenting'를 따라 해본 적 있는 사람에게는 익숙할 수도 있다.

윌리엄 시어스 박사Dr. William Sears와 마사 시어스Martha Sears가 1993년 개발한 애착 육아 방식은 모유 수유와 베이비 웨어링babywearing,* 잠자리 공유하기와 같은 방법들을 통해 부모와 아이 사

---

* 옷을 입고 다니듯 포대기나 아기 띠 등으로 아기를 감싸 안고 다니는 것을 의미한다.

이의 안정감 있는 애착 관계 형성을 목표로 한다. 그러나 아이와의 친밀한 관계를 장려하는 행동을 옹호하면서 동시에 부모의 본능에 접근하고, 그러한 본능에 자신감을 갖기 위해 뇌과학을 활용하는 방식은 그 어디에서도 찾을 수 없다.

이 책의 내용은 무엇이 뇌를 성장시키는지, 뇌가 잘 성장하면 어떤 결과를 얻을 수 있는지에 관한 것이다. 따라서 이 책에서는 애착 육아 방식을 넘어 스트레스 체계의 건강한 기능에 뿌리를 두는 부모, 그리고 아이의 내면과 이들의 복잡한 뇌 구조를 성장케 하는 요인에 관심을 기울일 것이다.

이 책이 전달하는 연구 결과는 반박할 수 없는 '사실'로, 당신이 시달리는 문제들에서 당신을 구해줄 것이다. 아이가 울 때 어떻게 대처해야 하는지에 관한 시어머니와의 논쟁이나, 아이를 재우기 위해 각기 다른 15가지 접근법을 시도해보는 골치 아픈 상황에서 말이다.

이론부터 실전까지, 뇌과학 육아의 정석

각 장에서 나는 육아에 도움이 될 기본 개념을 전달하는 데 집중할 것이다. 출산 직후 신생아를 안고 있든, 아이가 신생아 집중 치료실에 있든, 영아에게 모유 수유를 하고 있든, 관을 통해 영양을 공급하고 있든, 젖병을 물리고 있든, 첫 임신이든 두 살짜리 첫째가 있든, 어떤 상황에 처해 있든 당신만의 육아 방식을 확립하는 데 도움이 될 수 있게 말이다.

1부에서는 영아기 뇌가 특별한 이유, 양육이 영아기의 뇌와 스트레스 체계를 성장시키는 방법의 이면에 있는 과학적 원리, 이것이 유전자 발현에 영향을 미치는 방식, 그리고 부모의 뇌가 특별한 이유를 알아본다.

2부는 부모의 존재와 공감, 관계와 유대감, 스트레스 완화, 수면을 통해 영아를 육아하는 데 도움이 될 실용적인 조언을 제시한다. 2부의 내용을 간략히 살펴보자.

5장에서는 양육의 핵심 개념인 공감 육아법을 구체적으로 다룬 이후 영유아의 의식 상태를 탐구한다. 6장에서 다룰 '아이가 조용한 상황'에서는 양육을 통한 유대감을 뒷받침할 수 있다. 7장에서 다룰 '아이가 울거나 떼를 쓰는 상황'에서는 스트레스 관리에 도움을 줄 수 있다. 올바른 수면 패턴 형성을 통해 아이를 보살피는 데 도움을 줄 최적의 육아 타이밍은 8장에서 다룬다.

나 역시 부모이기 때문에 양육이 모든 걸 해결할 수 있다고 말하지는 못하겠다. 대부분의 사람은 자라온 방식에서 오는 업보를 지고 있으며, 사회가 가하는 압박을 느끼고, 아이 키우는 일을 더 힘들게 만드는 구조적 불평등과 마주한다. 대다수 사람이 이를 감당하기 어려워하고, 육아는 본능이라는 말에 반감을 느낀다. 이에 2부의 마지막 장, 9장에서는 육아 본능을 강화하고 부모 자신의 육아 에너지를 충전해 뇌 속 '신경계'를 조절하는 연습도 할 것이다.

초보 부모가 가장 궁금해할 육아 고민 30가지, 뇌과학으로 깨부수기

책 전반에 걸쳐 육아에 관한 30가지 오해를 하나씩 깨부술 것이다. 여러 세대에 걸쳐 우리는 아이들, 아이의 발달, 아이의 요구에 관해 속아왔다. 이 책은 육아에 관한 잘못된 오해를 지우고 그 자리를 뇌과학으로 증명된 사실로 대체할 것이다.

오해 1: 아기는 아무것도 기억하지 못하므로 영아기의 경험은 중요하지 않다.

→ 영아기의 기억은 뇌에 암묵적 기억으로 저장되어 정서뇌와 무의식을 구성한다.

오해 2: 아기가 울 때 무조건 달래주면 버릇이 나빠지고 의존성이 높아진다.

→ 아기가 보내는 신호에 충분히 반응해주어야 정서뇌가 발달하며 독립성 또한 커진다.

오해 3: 아기는 스트레스 상태에서 스스로 빠져나올 수 있다.

→ 3세 이전의 아이는 그럴 능력이 없다. 해마와 전전두피질이 성장하지 않았기 때문이다.

오해 4: 아기는 원래 회복탄력적이므로 영아기의 경험은 중요하지 않다.

→ 영아기의 경험은 정신 건강에 영향을 미치는 유전자와 상호작용하므로 매우 중요하다.

오해 5: 정신 건강과 관련한 유전자나 트라우마를 부모 세대로부터 아기가 이미 물려받았다면 이를 바꿀 수는 없다.

→ 양육법에 따라 물려받은 DNA와 후성유전에도 영향을 미쳐 부정적인 영향력을 줄이거나 아예 없앨 수 있다.

오해 6: 일단 아기가 태어나면 무조건 사랑하게 되고, 무엇을 해야 할지 저절로 안다.

→ 아이와 함께하는 수많은 시간이 쌓여 부모의 사랑과 지식, 아이와의 관계가 서서히 쌓인다.

오해 7: 아이를 낳으면 뇌 기능이 손상된다.

→ 아이를 낳으면 당신의 뇌에는 육아 슈퍼파워가 생긴다.

오해 8: 아이와 무언가 활동을 하지 않으면 아무것도 하지 않는 것이다.

→ 아이와 함께 있는 것만으로도 아이와 부모의 뇌가 성장한다.

오해 9: 마땅한 이유가 있을 때만 아이의 스트레스와 감정에 귀를 기울이는 편이 좋다.

→ 아이의 모든 스트레스와 감정에 대해 그렇게 느껴도 된다는 안정감을 주어야 한다.

오해 10: 조부모나 베이비시터, 어린이집에서 아이를 봐주기 때문에 집에서는 오히려 덜 돌봐줘야 한다.

→ 일부러 거리를 둘 필요는 없다. 함께 있을 때 최대한 같이 있는 것이 낫다.

오해 11: 아이의 뇌 발달에 도움이 되는 제품을 사야 한다.

→ 부모의 존재 자체가 아이의 뇌 발달에 가장 중요하다.

오해 12: 아이가 잘 자라려면 많은 수업에 참여하고 사회 활동을 하게 해야 한다.

→ 아이에게 필요한 건 부모의 몸으로부터 느끼는 감각 경험이다.

오해 13: 밥은 정해진 시간에 줘야 한다.

→ 아이가 생리학적 신호를 느껴 배고픔을 표현할 때 밥을 주면 된다.

오해 14: 36개월이 지나도 모유 수유를 계속 하면 버릇없이 키우는 원인이 될 수 있다.

→ 36개월이 지나도 모유 수유를 해도 된다. 애착 형성으로 인해 오히려 아이의 뇌가 발달한다.

오해 15: 아기를 안고 있는 건 아무 일도 안 하는 것과 같다.

→ 아기를 안고 있는 행위 자체가 뇌를 발달시킨다.

오해 16: 갓난아이는 포대기와 모자, 고무젖꼭지와 아기 침대를 사람보다 더 좋아한다.

→ 갓난아이는 누군가의 가슴 위에 안겨 살이 맞닿은 채로 있을 때를 좋아한다.

오해 17: 아기의 스트레스와 감정은 중요하지 않으며 무시해도 된다.

→ 아기들도 스트레스를 비롯한 다양한 감정을 느끼며, 이는 아이의 뇌와 신체가 자라는 방식에 영향을 미친다.

오해 18: 우는 아기를 달래주면 그 행동을 해도 좋다고 가르치는 것과 같고, 결과적으로 아기는 더 울고 더 매달린다.

→ 울고 매달릴 때 달래주면 아기는 덜 울게 되고, 오히려 독립심이 커지도록 뇌가 성장한다.

오해 19: 우는 아기를 안아줘도 큰 변화는 없다. 아기들은 어쨌든 운다.

→ 얼마나 오래 울든 간에 우는 아기를 안아주는 행위 자체가 좋은 육아다.

오해 20: 아기는 매일 낮잠을 4시간 자고, 저녁 7시부터 아침 7시까지 밤잠을 자야 한다.

→ 아기마다 수면 욕구는 각기 다르다. 안전하고 편안한 수면 환경에서 아이의 뇌가 필요로 하는 만큼 자면 된다.

오해 21: 3~36개월 때의 아기가 밤에 깨는 것은 아기 몸에 나쁘거나 불필요하다.

→ 밤에 깨는 것은 영아 수면의 일부이며, 뇌가 발달하면서 자연스럽게 더 이상 깨지 않게 된다.

오해 22: 아기가 혼자 다시 잠드는 법을 배우려면 수면 훈련이 필요하다.

→ 아기들은 늘 자라고 있다. 뇌 발달 과정에서 큰 변화를 겪으면 간혹 더 자주 깨는 경우가 있다. 이 시기가 지나면 뇌가 더 발달하며 수면 패턴도 안정된다.

오해 23: 아이가 밤에 잠들지 못할 때는 수면 훈련이 답이다.

→ 아이가 밤에 잘 못 자는 게 걱정된다면 의학적 문제는 없는지, 감각 처리에는 문제가 없는지 먼저 알아보자.

오해 24: 아이가 잠드는 시간, 깨는 시간, 낮잠 시간은 정해져 있다.

→ 피곤하면 아이의 뇌가 신호를 보내고, 성장에 필요한 만큼의 수면을 취할 것이다.

오해 25: 아이가 다시 잠들려면 자극을 최소한으로 줄여야 한다.

→ 밤에 아이를 달랠 수 있는 각자에게 맞는 가장 편안하고 쉬운 방법을 택하는 편이 좋다.

오해 26: 3개월이나 6개월, 12개월, 24개월, 36개월이 되면 밤중 수유를 멈춰야 한다.

→ 태어나 3세까지의 영아기가 지난 뒤에도 아이들은 밤에 목마름이나 배고픔을 느낄 수 있다.

오해 27: 4개월 혹은 6개월, 12개월, 24개월, 36개월이 지나면 자기 방에 있을 줄 알아야 한다.
→ 혼자 잘 수 있을 정도로 안전하다고 느껴질 때 아기는 신호를 보낸다.

오해 28: 아기는 혼자 자는 법을 배워야 한다.
→ 아기는 누군가와 닿아 있어야 안전하게 잠들 수 있다는 느낌을 받는다.

오해 29: 취침 전에 나누는 교감의 시간은 영아기나 아동기 중에 중단해야 한다.
→ 취침 전 교감 시간은 유대감 형성에 도움이 된다. 더 이상 함께 시간을 보내지 않아도 되는 때가 오면 아이들이 신호를 보낼 것이다.

오해 30: 부모가 되기 전에 내면의 문제를 모두 해결해야 한다.
→ 아이와의 관계는 도리어 자신의 스트레스 체계를 파악하고 내면을 들여다볼 수 있게 한다.

CONTENTS

이론편   **PART 1**

0~3세 육아에 뇌과학이 필요한 이유

실전편   **PART 2**

0~3세 실전 애착 육아법

PART 1

이론편

0~3세 육아에
뇌과학이 필요한 이유

Chapter 1

0~3세,
우리 아이 뇌의 골든 타임

영아기, 즉 태어나서 3세까지는 경험을 흡수해 뇌가 자라는 시기다. 뇌 속의 무수한 체계가 발달하는 데는 다 때가 있다. 영아기는 우리 아이들을 사는 내내 뒷받침해줄 이러한 체계들의 건강과 회복탄력성을 기를 수 있는 일생에 한 번뿐인 특별한 시기다.

내가 뇌과학에서 배운 첫 번째 교훈을 세상 모든 부모도 알았으면 한다. 인생의 첫 3년 동안 영아는 아주 민감한 뇌 발달기를 거치며, 그동안 아이가 겪는 감각, 운동, 사회, 감정 경험은 그야말로 뇌를 만들어나간다. 시력과 관련한 뇌 영역이 발달하려면 눈을 통해 들어온 시각 자극이 영아의 뇌에 입력되어야 한다는 사실을 알고 있는가? 영아기라는 민감한 시기에 눈을 통해 시각적 자극이 유입되지 않을 경우 평생 남는 시력 손상이 생길 정도다.

영아의 뇌는 놀라운 수준의 신경가소성을 보인다. 경험을 통해 뇌를 빚을 어마어마한 유연성과 능력이 있다는 의미다. 영아의 신경가소성은 정신 건강에 대단히 중요한 역할을 하는 스트레스 체계에서도 주목할 만한 부분이다. 스트레스 체계의 발달은 신경전달물질과 장 건강, 인지 체계, 심지어 DNA를 비롯해 내가 정서뇌emotional brain라고 부르는 다른 여러 부분에도 영향을 미친다.

정신 건강은 정서뇌에서 발생하는 복잡한 상호작용과 상호연결성에 기반을 두는데, 정서뇌의 각 부분은 영아기에 겪은 경험의 영향을 받는다. 우리가 보살피는 방식이 아이의 뇌가 성장하는 데 영향을 미치는 것이다.

아이 뇌의 90%가 발달하는 생후 3년

우리 아이들의 뇌와 정신은 매분, 매일, 매주가 다르게 놀라울 정도로 점점 더 복잡해진다. 인간의 뇌는 서로 연결된 방대한 수의 뉴런neuron*과 신경아교세포glial cell**로 구성된 신체 기관이다. 신생아의 뇌부터 성인의 뇌까지, 모든 뇌는 약 1,600억 개의 뇌세포로 이루어져 있다. 신생아는 대부분의 뇌세포를 지닌 채 태어나지만, 뇌 크기는 성인 대비 75퍼센트가량 더 작다.

생후 3년 동안 세포 간 연결이 폭발적으로 증가하고 세포 분화에 필요한 단백질이 더해지면서 뇌는 점차 커진다. 이 기간의 뇌에는 초당 최대 100만 개의 연결이 새로이 형성되는데, 유전적 요인과 영아의 경험, 타고난 본성nature과 부모의 양육nurture 모두 여기에 일조한다. 10분 만에 해치우는 간단한 식사 중에도 아이의 뇌에서는 최대 6억 개의 새로운 연결이 생성된다. 24시간으로 환산하면 무려 864억 개의 연결에 달하는 것이다!

---

* 　신경세포
** 뉴런에 영양물질을 공급하고 뉴런의 기능 수행을 지원하는 비신경성 세포

| 그림 2 | 아이의 뇌세포는 3세부터 급속도로 빽빽하게 연결된다.

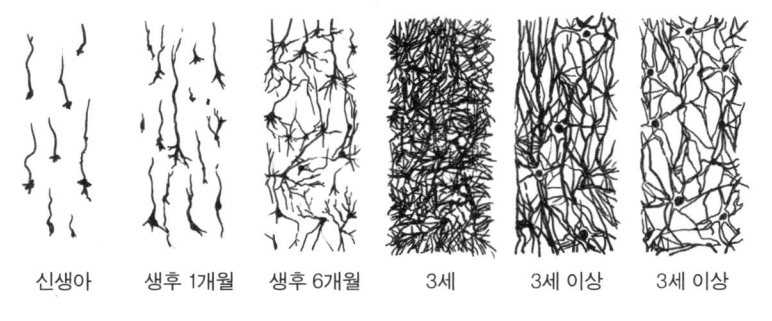

영아 뇌 발달 과정
초당 100만 개의 연결 형성

| 신생아 | 생후 1개월 | 생후 6개월 | 3세 | 3세 이상 | 3세 이상 |

〈그림 2〉를 보면, 신생아의 경우 세포 사이의 연결이나 분화된 단백질이 거의 없다. 3세부터 갑자기 뇌 회로가 빽빽하게 연결되고 단백질이 더해지며 더욱 복잡해진다. 이때 자주 사용되는 뇌 회로들은 보호성 뇌세포로 덮이고, 잘 사용되지 않는 회로들은 '가지치기' 과정을 통해 제거된다. 가지치기란 영아기에 자주 사용되지 않던 연결들을 제거하는 뇌의 메커니즘이다.

이와 같은 급격한 성장은 두 눈으로 직접 봐도 믿기 어려울 정도다. 아이가 처음 뒤집기를 하거나 누군가를 향해 웃는 모습을 볼 때면 나는 뇌 속에서 번쩍번쩍하며 새롭게 생성되는 세포들의 아름다운 연결을 떠올린다. 아마 현미경으로만 볼 수 있는 아주 미세한 규모의 불꽃놀이 같은 모습일 터이다.

인생의 첫 3년은 가장 밀도 높은 성장기다. 이 정도의 신경가소성을 지니는 시기는 생후 3년이 유일하다. 물론 나이가 들어도 우리 뇌에는 어느 정도의 신경가소성이 남기 때문에 영아기에 구축된 체계들을 바탕으로 뇌를 발전시켜 나갈 수 있지만 영아기의 가소성에 비할 수는 없다.

〈그림 2〉에 있는 '3세 이상'이라는 표현은 영아기가 끝났음을 의미한다. 영아기 말에 접어들면 급속히 진행되던 성장도 끝이 난다. 그리고 뇌는 지난 3년간 가장 많이 사용된 회로를 유지하고 자리 잡도록 하기 위한 새로운 세포를 성장시키기 시작한다.

두 개의 '3세 이상' 그림 중 좌측 그림에는 영아기에 가장 많이 사용된 뇌 회로들을 유지하기 위해 세포외 기질extracellular matrix이라는 억제성 뇌세포와 접착제 역할을 하는 보호성 뇌세포가 자라기 시작하는 모습이 나타나 있다. 이 세포들이 성장한다는 건 영아 뇌만의 특별한 신경가소성의 시기가 끝났다는 신호다.

일단 보호 세포가 자라기 시작하면 뇌에 생성된 연결을 바꾸는 일은 몹시 어렵다(뒤에서 설명하겠지만, 불가능한 건 아니다). 가장 우측에 있는 '3세 이상' 그림은 가지치기 과정을 보여준다. 이때 영아기가 끝나면서 스트레스, 신경전달물질 체계 등 많은 체계에서도 뇌 회로에 단백질을 추가하며 세포를 분화하던 메커니즘이 종료된다.

〈그림 3〉을 보면 영아의 뇌가 얼마나 급속도로 성장하는지 확인할 수 있다. 영아의 뇌는 태어나고 1년 만에 2배 커지는데, 처음 성인 뇌의 25퍼센트 크기였던 것이 성인 뇌의 절반 크기로 자란다. 3세 즈음에는 성인 뇌의 80퍼센트까지 커지고, 5세가 되면 90퍼센트에 이른다. 3세와 5세 사이에는 뇌가 자라기는 하지만 갓 태어나

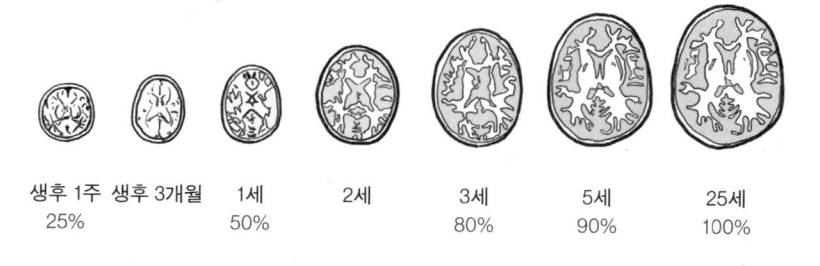

| 그림 3 | 아이의 뇌는 생후 3년 동안 성인 뇌 크기의 80퍼센트까지 성장한다.

생후 1주 생후 3개월   1세   2세   3세   5세   25세
25%   50%   80%   90%   100%

3세가 될 때까지 그랬던 것처럼 빠른 속도로 성장하지는 않는다. 100퍼센트 완연한 성인 뇌로 자라는 건 25세가 되어서다.

영아 뇌가 누리는 특별한 신경가소성 내지는 유연성의 시기는 인류에게 주어진 커다란 선물 중 하나다. 덕분에 우리는 주변 환경에 적응하고 그에 맞춰 뇌를 바꿀 수 있으며, 이 세상에서 생존하기 위해 더 잘 대비할 수가 있다. 인간이 모든 대륙에 퍼져 있고 지구상의 거의 어느 곳에나 살고 있는 건 영아기의 뇌가 거의 모든 환경에 맞춰 바뀌고 적응할 수 있는 덕분이다.

뇌과학으로 본 애착 형성의 중요성

영아기의 뇌는 아주 유연하기 때문에 이 시기에 건강한 뇌를 만들 수 있다. 회복탄력성이 강한 스트레스 체계, 감정 체계를 구축할 수 있는 것이다. 이 말이 큰 부담으로 느껴질 수도 있다. 거의 혼자 알아서 아이를 키우면서 이미 충분한 압박과 책임감을 느끼지 않았

나? 자녀를 키우는 데 또 다른 접근법이 정말로 필요할까? 인터넷에 넘쳐나는 피드나 주변에서 들려오는 '최고의 육아법'과 같은 조언들에도 불구하고 말이다.

이해한다. 나도 자식을 키우고 있는 부모다. 그래서 당신의 불안과 혼란, 그리고 '해야 할 일' 목록을 줄여주고 싶다. 내가 알려주려는 건 더 간단하고 직관적이며, 뇌과학이 뒷받침하는 반론의 여지가 없는 정보다.

뇌과학은 영아기의 뇌세포를 '흥분성excitatory'이 있다고 묘사한다. 세포 간에 메시지를 손쉽게 주고받아 연결을 구축하고 세포를 형성한다는 뜻이다. 뇌과학자들은 뇌세포 사이에 이뤄지는 소통을 '발화firing'라고 부르는데, 그만큼 뇌세포 간의 연결 속도가 무척 빠르기 때문이다. 영아기에 가장 자주 쓰이는 연결들은 결국 뇌에 남는다. 아예 사용되지 않거나 자주 사용되지 않는 연결들은 가지치기 과정을 통해 제거된다.

대표적인 예를 청각 체계에서 찾을 수 있다. 막 태어난 영아의 뇌는 지구에 존재하는 모든 언어의 소리를 처리하고 학습할 수 있다. 베트남에서 태어난 아이가 영어에서 나는 소리를 듣듯, 모국어와 다른 음소를 지닌 언어에 영아가 노출되는 경우 아이의 뇌는 해당 음소에 대한 연결을 형성해 다 자란 뒤에도 그 음을 듣고 만들어낼 수 있다. 그러나 영아기에 비모국어의 음소를 들은 적이 없다면 성인이 되어도 그 음소를 정확히 듣거나 발음할 수는 없다. 이는 영아기가 끝나고 청각 체계가 가지치기를 통해 사용되지 않은 연결들을 제거하기 때문이다.

선구적인 뇌과학자인 도널드 헤브Donald Hebb와 칼라 샤츠Carla Shatz가 잘 알려주었듯, "함께 발화하는 뉴런은 서로 연결되고, 함께 발화하지 않는 뉴런은 연결되지 않는다." 영아 뇌에서 이 말은 곧 우리가 꾸준히 제공하는 반복적인 경험이 그야말로 뇌 속 연결을 생성하고 단백질을 제공한다는 의미다.

정신 건강은 우리 몸의 독립적인 기능이 아니다. 스트레스 체계의 기능, 우리 뇌와 신경계의 스트레스 대응 능력과 이후 안정적인 상태로의 회복력으로부터 영향을 받는다. 이뿐만 아니라, 사고뇌thinking brain와 정서뇌가 영아기에 발달한 정도, DNA와 후성유전epigenetics(우리가 물려받는 유전 표지*), 신경전달물질, 심지어 장 건강의 영향까지 받는다. 이 요인들 중 하나만 영향력을 행사하는 것이 아니다. 각 영역이 서로 조화롭게 연결되어 함께 작용해 정신 건강을 이룬다.

안정적으로 보살펴주는 양육자가 있을 때 영아의 뇌는 옥시토신으로 시작해 폭포처럼 쏟아져 내리는 도파민, 세로토닌serotonin, 엔도르핀, 가바GABA**로 이어지는 호르몬과 신경전달물질 종합선물 세트를 분비한다. 아이의 뇌가 옥시토신에 둘러싸이면 스트레스와 감정, 관계, 갈등을 다루는 능력이 크게 향상된다. 회복탄력성이 커진다는 의미다.

---

* 유전 해석에서 표지로 쓰이는 인자로, 특정 종이나 개체를 구별하는 데 사용된다.
** 중추신경계의 억제성 신경전달물질로, 신경 안정 작용, 스트레스 해소 등의 효과가 있다.

정서뇌의 회복탄력성이 높으면 전체 뇌는 호기심과 탐구, 사고력, 창의적 활동, 관계 형성, 놀이에 에너지를 쏟을 수 있다. 정서뇌가 회복탄력적으로 발달해 있다면 갓난아이부터 어린이, 청소년, 성인에 이르기까지 사색하고, 인지하고, 사람과 어울리고, 창의적이고, 집중하는 유연한 활동에 더 많은 시간을 쏟을 수 있다.

이러한 활동들은 우리에게 기쁨과 공감, 유대감, 의미를 부여한다. 또한 회복탄력적인 정서뇌는 신체를 안정적 상태로 만든다. 이는 차분한 심장박동, 이완된 근육, 낮은 염증 수치, 주요 장기로의 안정적인 혈액 흐름, 적절히 조절되는 소화 및 면역 체계, 신체 세포 또는 말단소체*의 둔화한 노화 속도, 양질의 회복 수면의 형태로 나타난다. 더불어 심장병이나 암, 당뇨는 물론 소화장애와 신경 질환 등의 질병으로부터 신체를 보호해주며, 불안과 우울을 막아주는 강력한 방어벽이 된다.

대부분의 현대인은 나이가 든 뒤에 많은 시간과 돈을 들여 스트레스, 불안, 우울, 외로움에 대처하는 능력을 키우려고 한다. 정서뇌의 회복탄력성을 높이기 위해 의학 치료나 명상, 요가 등의 도움을 받기도 한다. 그러나 아이들은 이 과정을 건너뛰어도 된다. 아이를 애정 어린 손길로 안아주고 눈을 맞추며 사랑스럽게 바라볼 때마다, 긴장한 아이를 평온함으로 이끌 때마다, 잠든 아이 옆에 몸을 뉠 때마다 호르몬과 신경전달물질 종합 세트가 분비된다.

---

* 염색체의 말단, 즉 끝부분에 있는 DNA 반복서열

만성 스트레스 상태와 관련한 장애들

회복탄력적인 정서뇌의 대척점에 있는 것이 스트레스에 민감한 뇌reactive brain*다. 처리되지 않은 감정 때문에 만성적으로 스트레스 상태에 머무르면 정서뇌에는 코르티솔cortisol, 아드레날린adrenaline, 노르에피네프린 norepinephrine, 글루타메이트glutamate로 구성된 스트레스 호르몬들이 밀려온다. 이와 같은 상태는 불안하고 우울하며, 무언가에 중독돼 있고, 두려우며, 단절돼 있다는 느낌을 준다. 또한 이기적이고 탐욕스러우며 공격적인 행동을 유발하고, 공감 능력을 떨어뜨린다. 민감한 스트레스 체계는 신체적 질병으로도 이어지므로 다음과 같은 질병들이 생길 수 있다.

- 경계심, 불안, 우울, 기타 정신 건강 문제
- 질 낮은 수면 및 불면증
- 대인관계 문제
- 심장병 및 뇌졸중
- 암
- 당뇨
- 과민 대장 증후군 및 기타 소화장애
- 두통 및 편두통

---

* 주로 행동에 의해 뇌 활동이 유발되는 수동적인 신경행동학적 상태. 변화를 위협으로 인식하고 부정적인 결과를 예상하며, 상대적으로 본능과 충동을 기반으로 반응한다. 비교되는 개념으로 주도적인 뇌proactive brain가 있다.

- 자가 면역 질환
- 알레르기
- 신경 질환
- 만성 통증

양육과 영아기의 긍정적 경험이 뇌에 변화를 만든다는 말은 결국 정신적·신체적으로 한 사람의 인생을 구해낸다는 의미다.

이러한 호르몬은 아래와 같은 영역에 도움이 된다.

- 편도체, 시상하부, 해마, 전전두피질의 스트레스 민감도
- 전전두피질을 거치는 인지 능력
- 섬피질 및 안와전두피질orbitofrontal cortex의 공감 능력 및 감정 지능
- 옥시토신 및 에스트로겐estrogen을 통한 사회성, 대인관계, 육아 관련 행동
- 도파민을 통한 보상 및 중독
- 세로토닌, 노르에피네프린, 가바, 글루타메이트 등의 신경전달물질을 통한 기분 조절
- 정신 건강에 유익한 미생물들이 생존할 수 있는 장 건강

아이의 신호와 감정을 이해하고 적극적으로 반응하라

이 책에서 말하는 '양육'은 의지를 뜻한다. 당신이 아이와 신체적·정서적 관계를 맺는 데 시간을 할애하겠다는 의지 말이다. 아이가 보내는 신호와 메시지를 듣고 믿어야 한다. 부모의 눈길은 아이들의 사고뇌를 자극하고, 부모의 말을 통해 아이들은 감정을 이해한다. 아이를 껴안아주면 양질의 수면에 도움이 된다. 아이가 믿고 안심할 수 있는 사람이 되어야 한다. 아이의 신체적 욕구를 충족해주고 감정을 파악해 필요시에는 평온함을 되찾아주거나 상황을 통제

하는 사람이 되어야 한다.

하지만 항상 아이가 보내는 신호를 정확히 읽어내거나 아이에게 오롯이 집중할 수 있는 건 아니다. 아이에게 주의를 기울이지 못하거나 충동적으로 행동하고, 분노나 공포, 불안이 야기한 반응을 보이는 때도 있을 것이다. 하지만 여느 사람에게 그러하듯, 잘못했을 때는 사과하고 바로잡으면 된다. "미안해"라고 말할 줄 아는 것도 아이의 뇌를 발달시킨다.

그저 아이와 관계를 맺으면 된다. 양육은 안정적인 관계가 형성될 때야 비로소 뇌를 변화시킨다. 우리가 보살펴주리라는 믿음, 잘 보살펴주지 못할 때는 바로잡아 주리라는 믿음이 아이에게 있을 때 말이다.

가지각색의 부모가 있듯 세상에는 다양한 육아 방식이 있는데, 2부에서는 여러 실용적인 제안을 통해 당신만의 고유한 육아 방식을 찾도록 도울 것이다. 이 과정은 섬세한 작업이다. 모든 양육의 중심에는 내가 그곳에 있겠다는, 네게 집중하겠다는, 너의 가까이에 있겠다는 결심이 있다. 너에게 평온을 주는 사람이 되겠다는 결심이 있다. 다시 말해, 당신의 존재를 통해 이렇게 말하는 셈이다. "내가 여기 있단다. 너를 바라보고 있어. 넌 내게 중요한 존재야. 너는 안전하단다."

아이의 뇌에는 엄청난 기억력이 있다

오해 1: 아기는 아무것도 기억하지 못하므로 영아기의 경험은 중요하지 않다.

→ 영아기의 기억은 뇌에 암묵적 기억으로 저장되어 정서뇌와 무의식을 구성한다.

아이가 크면 어차피 어린 시절을 기억하지 못하므로 이 모든 게 소용없다고 생각할지 모르겠다. 나는 이 이야기를 심지어 신생아 전공 학자나 소아과 의사, 수유 상담가, 소아 치료사 같은 영아에 대해 아주 잘 아는 열린 사고를 지닌 전문가에게서도 들어봤다.

기억은 어떤 사건의 발생으로 뇌세포와 뇌 기능이 영구적으로 바뀐다는 의미다. 기억에는 명시적 기억explicit memory과 암묵적 기억implicit memory을 비롯해 다양한 형태가 있다. 사람은 자신이 겪은 의식적 사건에 대한 자전적 기억인 명시적 기억에만 주목하는 경향이 있다. '무엇', '어디', '언제', '누구'에 대한 기억들 말이다.

영아기에도 뇌는 기억을 형성하므로, 영아에게도 이 시기에 겪은 사건에 대한 기억이 분명히 있다. 다만 성인이 되는 과정에서 사람은 '영아기 기억상실' 또는 '아동기 기억상실'을 겪는다. 영아기가 끝나고 수년간 0세부터 3세 사이 영아기에 겪은 사건들을 떠올리지 못하는 것이다. 이는 영아기에 해마가 급격한 속도로 성장하기 때문인 것으로 보인다. 사람들이 맨 처음 먹은 음식, 처음 뗀 걸음마 등 영아기에 벌어진 일들을 기억하지 못하는 듯 보이는 건 사실이다. 사건에 대한 장기 기억은 3세 또는 4세 무렵부터 형성되기 때문이다.

그러나 영아기에 형성된 기억의 상당량은 암묵적 기억으로 뇌에 저장된다. 그리고 이 기억이 무의식을 구성한다. 영아 뇌의 급성장은 그 시기에 어마어마한 양의 기억과 주요 뇌 영역이 형성된다는 의미다. 평생 남는 기억이 스트레스 및 감정 체계 구조에, 그리고 후성유전에 의해 영아기에 형성되는 DNA에 부호화되어 저장된다.

그렇기에 아이가 겪은 개별적인 사건은 기억하지 못하더라도 먹는 법, 걷는 법은 기억하는 것이다. 더 중요한 건 아이의 DNA와 스트레스 체계, 감정 체계에 자신이 좋아하는 사람들이 나에게 어떤 감정을 안겼는지 남으리라는 점이다.

이 대목에서 시인 마야 안젤루Maya Angelou의 말을 인용하고 싶다. "아기들은 당신이 한 말, 행동은 잊을 거예요. 그러나 당신이 준 감정은 결코 잊지 않을 겁니다." 아이는 자기가 자라온 방식을 절대 잊지 않는다. 어린 시절의 기억이 제한적일 수는 있다. 하지만 보살핌을 받은 경험은 DNA와 스트레스 체계, 감정 체계를 바꾸고 그것을 뇌에 새긴다. 그러니 사실 **아이의 뇌에는 엄청난 기억력이 있는 셈이다.** 전체 인생에서 이 시기가 지니는 중요성을 이해해야만 우리는 아이들을 제대로 보살필 수 있다.

올바른 육아, 부모가 줄 수 있는 가장 큰 선물

아이를 보살피는 게 힘든가? 당신이 엄청난 일을 하고 있기 때문에 그렇다. 우리는 무려 사람의 뇌를 성장시키는 일을 하고 있다. 아마 우주를 제외하고 현존하는 모든 것 중 가장 복잡한 일일 터이다. 당신은 지금 자신의 뇌를 이용해 아이의 머릿속에 무수한 뇌세포와 수용체를 키우고 있다. 굉장히 힘들고 심오한 일이다. 하지만 진심으로 뿌듯해하고 기뻐할 만한 일이다.

육아에 들이는 당신의 고된 노력이 무척 중요하다는 사실을 깨닫기를 바란다. 아이에게는 당신의 그 노력이 전부다. 무려 뇌를 빚고 인생을 바꾸는 일이다. 아이는 영유아기부터 아동기, 청소년기, 성인기, 그리고 언젠가 그들 자신이 부모가 되는 때에 이르기까지, 사는 내내 당신이 제공한 양육의 혜택을 받을 것이다.

이는 당신의 손주, 증손주를 비롯한 후대로 이어질 것이다. 한 명의 아이를 키운다는 건 기본적으로 미래를 키우는 일이다. 미래는 양육자에게 달려 있다. 심리학자 루이스 코졸리노Louis Cozolino는 이렇게 썼다.

"우리는 적자適者여서 생존한 게 아니다. 제대로 된 양육 덕분에 생존하는 것이다."

Chapter 2

뇌 발달의 원리를 이해하면
육아가 쉬워진다

영아에게는 안정적으로 스트레스를 조절해주고, 감정을 이해해줄 양육자가 필요하다. 뇌가 건강하게 발달하려면 아이는 영아기 동안 부모의 성숙한 뇌 기능의 도움을 받아야 한다. 영아의 뇌는 성인 뇌와 관계를 형성하면서 스트레스 조절 능력과 사회성, 인지 능력, 건강을 키운다.

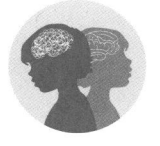

상상해보자. 막 태어난 영아부터 어린이, 10대 청소년, 20대 청년, 그리고 30대, 40대 부모까지 모두 소파에 편한 자세로 앉아 있다. 누군가 어떤 버튼을 눌렀더니 스피커에서 커다란 소리가 요란하게 울려 퍼진다. 소파에 앉아 있는 모두가 정확히 같은 소리를 듣고 있지만, 각자의 뇌 안에서 활성화되는 회로는 완전히 다르다. 서로 지나고 있는 삶의 시기가 다르기 때문이다.

그들은 각자의 뇌 회로에 따라 각각 다른 반응을 보일 것이다. 갓난아이의 뇌 회로는 소리를 해석하지 못하거나 스트레스를 처리할 수 없기 때문에, 안전한 환경을 되찾고 스트레스를 다스릴 수 있도록 입 밖으로 소리를 내 양육자를 찾는다.

어린이의 뇌 회로는 이 소음이 해롭지 않다는 사실을 안다. 더불어 시끄러운 소리를 듣지 않는 방법을 배운 덕분에 귀를 막는다. 10대 청소년의 뇌는 위험을 무릅쓰는 쪽으로 뇌의 배선이 연결돼 있으므로 요란한 음악을 좋아하고 심지어 볼륨을 높일 수도 있다.

20대 청년의 뇌는 시끄러운 음악을 싫어하므로 볼륨을 줄이려 자리에서 일어선다. 마지막으로 30대, 40대 부모의 뇌는 아이를 돌보는 데 초점이 맞춰져 있으므로 아이에게 다가가 조그마한 귀를 막아 소음에서 보호하고, 필요한 경우 스피커 볼륨을 낮출 것이다.

이것은 성격 테스트가 아니다. 나이에 따라 반응이 제각각인 까닭은 뇌 속에 형성된 연결이 서로 다르기 때문이다. 각 반응에서 드러나는 차이가 육아에 중요한 이유는 영아의 뇌 성장을 이해하는 데 중요한 지점을 보여주기 때문이다.

어린이와 청소년, 청년은 시끄러운 음악에 스스로 대응할 수 있지만, 영아는 현재 상황이 자신에게 유해하지 않음을 확인하고, 소리를 이해하고 진정하기 위해, 그래서 스트레스 반응을 멈추기 위해 양육자에게 기대야 한다. 더불어 부모의 반응도 이들의 뇌가 대응과 보호에 맞춰져 있다는 점을 보여준다. 이와 관련한 내용은 4장에서 구체적으로 살펴보겠다.

영아의 뇌는 아직 스트레스와 감정을 알아서 처리하지 못한다. 하지만 어른이 아이를 보살피면 마치 아이에게 어른의 뇌를 빌려주는 것과 같은 효과가 나타나므로, 영아의 뇌는 옥시토신으로 시작해 도파민, 세로토닌, 엔도르핀, 가바로 이어지는 양육에 필요한 호르몬과 신경전달물질을 분비한다. 양육자 덕분에 안정적으로 옥시토신을 공급받을 수 있다는 믿음이 있을 때 아이에게는 평생 지속되는 회복탄력성이 점차 만들어진다.

영아는 사회적 상호작용을 충분히 하지 못하고 스트레스를 안은 채 홀로 내버려져 있는 경우에 견디기 어려울 정도로 고통스러워한다. 유사한 상황이 장기간 반복되면 아이의 뇌 회로는 과민성 또는 저활동성 스트레스 체계로 발전하는 방향으로 신경 연결을 형성하며 스트레스에 과민한 뇌가 되도록 영향을 받을 수 있다. 그 결과는 스트레스를 겪는 나이대와 스트레스 유발 요인에 따라 달라지고, 불안과 우울에 대한 취약성, 과잉 경계, 정신 건강 문제 등으로 이어진다.

막 걷기 시작하는 아이가 울면서 당신을 찾을 때, 오히려 아이에게 거리를 둔 경험이 있는가? 당연히 그래야 하는 것 아닌가 생각할 수도 있다. 그러나 이 시대에 만연한 열악한 육아 방식은 아이에게 비현실적인 기대를 하도록 부추긴다. 다른 누구도 아니고 이제 태어난 지 1년도 안 된 아이에게 독립심을 갖고, 부모와 떨어져 있고, 감정을 다스리고, 이성적으로 사고하기를 바라도록 유도한다.

감정 처리 능력은 복잡한 뇌 회로가 뒷받침되어야만 가능한데, 영아에게는 아직 그 능력이 없다. 뇌 회로가 자랄 때까지 아이들은 당신의 뇌의 도움을 받아야 한다.

시기별 뇌 발달 3단계

영아의 뇌는 생존뇌, 정서뇌, 사고뇌의 단계를 거쳐 성장한다. 생존뇌 회로는 뇌의 아래쪽 뇌간brain stem 부분에 있으며, 엄마 배 속에

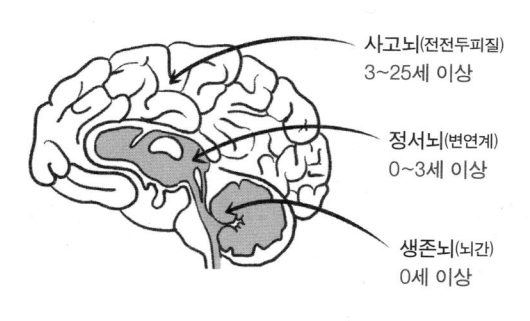

| 그림 4 | **아이의 뇌는 생존뇌, 정서뇌, 사고뇌 순으로 3단계에 걸쳐 성장한다.**

사고뇌(전전두피질)
3~25세 이상

정서뇌(변연계)
0~3세 이상

생존뇌(뇌간)
0세 이상

있을 때부터 생후 12개월 사이에 가장 먼저 발달한다. 정서뇌 회로
는 뇌의 중심인 변연계limbic system에 있으며, 0세부터 3세 사이에 발
달하고 특히 청소년기와 부모가 되는 시기에 다시 유연해진다. 전전
두피질에 있는 사고뇌 회로는 뇌의 가장 윗부분에 있으며, 3세부터
25세 넘어서까지 계속 발달한다.

영아의 뇌는 이미 기능하고 있는 생존뇌 회로, 미성숙하고 아직
발달 중인 스트레스 체계를 포함한 정서뇌 회로, 이제 막 생겨나기
시작하는 사고뇌 회로라는 독특한 구성을 보인다. 정서뇌와 사고뇌
회로가 아직 성숙하지 않은 이 시점에서 양육은 뇌에 큰 영향력을
행사한다. 태어나 첫 3년 동안 유전적 요인과 경험에 의해 이 회로의
뇌세포가 연결되며, 개인으로서 지녀야 할 능력이 점차 성숙한다.

뇌 회로들은 서로의 관계 속에서 발달한다. 생존뇌 회로는 정서
뇌 회로를 키우는 성장 매뉴얼과 같으며, 정서뇌 회로는 사고뇌 회
로의 밑바탕이다. 사고뇌 회로는 영아기 내내 형성이 시작되며 영아
기가 끝나고 나서야 정서뇌의 스트레스 체계에 겨우 통제력을 행사

한다. 이어 아동기와 청소년기를 거쳐 25세까지 발달하고, 그 과정에서 정서뇌 회로의 능력에 지대한 영향을 받는다.

생존뇌에 귀를 기울이면 회복탄력적인 정서뇌를 발달시킬 수 있고, 정서뇌의 회복탄력성이 높으면 사고뇌가 성장하기 좋은 안정적인 기초를 제공할 수 있다.

각 영역은 상호 의존적이나 여기에서 특히 주목하고 싶은 대상은 정서뇌 회로, 그중에서도 스트레스 체계다. 스트레스 체계의 발달 정도가 평생의 정신 건강에 결정적 역할을 한다. 영아기 육아의 핵심은 대개 스트레스 체계와의 원활한 상호작용에 있다.

부모는 아이의 스트레스 체계에서 필수적인 부분인데, 특히 부모와 아이의 뇌가 연결되어 아이의 스트레스와 수면을 조절하는 데 도움을 주기 때문이다. 양육을 통해 영아의 스트레스 체계를 조절하면 이는 해당 체계의 변화로 직접 이어지며, 다시 DNA, 후성유전, 사회성 체계, 보상 체계, 신경전달물질 체계, 인지 체계 등 정서뇌의 다른 모든 영역의 발달 양상을 바꾼다.

스트레스 체계의 발달을 주된 목표로 육아하면 정서뇌의 세포와 수용체, 회로의 회복탄력성을 높일 수 있다. 영아기 뇌에 관한 지식은 아이가 진정 필요로 하는 것을 제공하는 방법을 이해하는 데 대단히 중요하다. 그래야 우리 안의 '육아 본능'을 믿고 아이를 대할 수 있다.

사람들이 영아 뇌를 완전히 오해하고 있는 탓에 아이들은 비현실적인 기대에 맞춰야 하며 부모는 실망을 반복하는 상황에 이르렀다. 아직 발달도 하지 않은 뇌 회로를 아이들이 쓸 수는 없다. 제대로 된 이해가 바탕이 되어야 아이의 인권과 인간으로서 존엄성을 회복시키고, 신경생물학적으로 현실적인 기대를 설정하며, 부모가 자신감을 가질 수 있다.

1) 생존뇌

첫 번째 단계는 생존뇌의 발달이다. 태어날 때부터 아이의 뇌는 이 부분에 이미 서로 연결된 복잡한 회로를 형성하고 있다. 영아가 충분히 발달한 생존뇌 회로를 가지고 태어나는 데는 두 가지 이유가 있다. 생명 유지와 관계 맺기를 위해서다. 뇌가 생명 유지를 위해 신체를 훌륭히 이끄는 덕분에 아이는 호흡을 하고, 몸속에 혈액이 흐르며, 먹고 소화하고 노폐물을 배출하고, 잠을 잘 수 있다. 이러한 신체적 기능은 영아가 생명을 유지하고 생존하기 위해 필요한 부분의 절반이며, 나머지 절반이 바로 부모, 양육자와 친밀한 관계를 형성하는 것이다.

생존뇌 회로 덕분에 아이는 가족의 냄새와 소리, 얼굴을 익히고, 눈을 맞추며, 가까이 붙어 있으려 하고, 소통하면서 부모나 양육자와의 관계에 참여한다. (그렇다. 막 태어난 영아들에게도 다양한 소통 방식이 있다. 아이에게는 어떤 방식으로 말해야 하는지는 후반부에서 알아보자.) 아이가 보내는 모든 메시지에는 이유가 있다. 아이의 생존뇌 회로가 보내는 신호를 듣고 이에 반응한다면 다음 뇌 발달 단계인 정서뇌 회로로 순항해나갈 수 있다.

생존뇌 회로는 태어날 때부터 기능하기는 하지만, 영아기에도 계속 발달한다. 호흡, 심박, 수면 패턴은 시간이 지나며 점점 더 규칙적으로 발전하는데 이런 생존뇌 회로의 발달을 '고정 배선hardwired'이라고 한다. 유전자가 회로 발달을 주도한다는 의미다. 그러나 양육자가 제공하는 경험 또한 발달 과정에 분명한 도움을 줄 수 있다. 양육자는 양육을 통해 영아의 생존뇌 회로를 안정시키고 조절한다. 양육자가 보살펴줄 때 영아의 호흡과 혈액순환, 수면, 영양분 흡수 능력이 향상된다.

내가 상담한 가족 중에는 신생아에게 생존뇌 회로의 생물학적 본능을 거스르는 행동을 하도록 가르쳐야 한다고 믿는 사람이 많았다. 예컨대 '독립심을 키우기' 위해 아기 침대에 혼자 눕는 습관을 들이게 하거나, 아이가 울어도 신경 쓰지 않는 식으로 울음을 그치도록 가르쳐야 한다는 것이다. 부모와 닿아 있고 안겨 있으려는 욕구는 스트레스의 진정을 위해 영아의 생물학적 기제가 필요로 하는 것이다. 양육자와 분리돼 있는 상황은 아이의 생존에 있어 위협에 해당한다. 따라서 뇌의 신경 회로망은 아이가 울거나 매달리기 시작하도록 만든다.

따뜻하고 안정감을 주는 부모의 존재가 있는 상태에서 신체의 모든 체계가 충분히 조절되고 있는 상황과 비교하면, 아기 침대에 혼자 누워 있거나 앉아 있는 상태는 적적하며 외롭고 불안한 상황이다. 대부분의 아이는 이와 같은 상황을 반기지 않으며 그럴 때마다 소리를 내어 스트레스를 받고 있다는 신호를 보낸다. 아이의 생존뇌 회로가 보내는 메시지는 이런 것이다.

"안아주세요. 제 눈을 보고 말을 걸어주세요. 곁에 있어주세요. 제 스트레스를 덜어주세요. 제 감정을 조절하도록 도와주세요. 잘 자도록 도와주세요. 그리고 제가 세상을 잘 관찰하다가 필요할 때 또 도움을 구할게요."

이 메시지를 왜곡 없이 제대로 이해하고, 생존뇌 회로가 보내는 메시지에 귀 기울이는 게 생물학적으로 당연한 일이며 또 도움이 된다는 사실을 깨닫는 것이 올바른 육아의 첫걸음이다.

2) 정서뇌

오해 2: 아기가 울 때 무조건 달래주면 버릇이 나빠지고 의존성이 높아진다.

→ 아기가 보내는 신호는 충분히 반응해주어야 정서뇌가 발달하며 독립성 또한 커진다.

두 번째 단계는 정서뇌의 발달이다. 이 단계는 아이가 배 속에 있을 때 시작되어 태어나 3년 동안 초당 최대 100만 개의 연결이 생성될 정도로 눈에 띄게 발달한다. 정서뇌는 영아기 뇌 발달의 주인공이며, 건강 기반을 마련할 수 있는 중요한 영역이다. 영아기가 보통 0세에서 3세 사이 시기로 정의되는 까닭은 이 시기의 정서뇌가 아직 발달하는 중이며 경험에 굉장히 민감하기 때문이다.

정서뇌 회로에는 스트레스 체계, 사회성 체계, 보상 체계, 신경전달물질 체계, 인지 체계가 포함되며, DNA와 후성유전에 의해 발달한다. DNA와 후성유전은 3장에서 더 심층적으로 다루겠다. 정서뇌회로는 우리가 스트레스와 기분, 감정, 생각, 관계를 인지하고 이에 반응하는 방식을 다룬다. 정서뇌는 이 모두를 종합해 정신 건강을 구성하며 사고뇌와 연결되는 방식까지 만들어낸다.

영아의 정서뇌는 아직 미성숙한 상태다. 이는 영아의 뇌가 스트레스나 감정을 다스리는 법을 아직 못 배웠다는 말과 같다. 이를 수행할 수 있는 뇌 회로는 사고뇌에 있는데, 아직 힘을 발휘할 수가 없기 때문이다. 이 시기의 아이가 스스로 진정하거나 자기 조절self-regulation하기를 바랄 수는 없다.

양육이 정서뇌에 미치는 힘을 보여주는 극적인 사례가 있다. 양육해줄 사람이 없는 요보호 아이들은 대체로 소리를 내지 않는다. 외부로 표출한 요구가 무시당했기 때문에 생존 메커니즘이 비활성화되고 도움을 구하는 신호를 표출하지 않는 것이다. 3세 이전에 제대로 된 보살핌을 받지 못한 요보호 아이들은 대체로 충동 조절 장애와 사회적 위축, 감정 처리 및 통제 문제, 낮은 자존감, 경련, 짜증, 절도, 자기 징벌, 지적 장애, 낮은 학업성취도를 보였다.

요보호 영유아의 다수는 입양된 시기가 이를수록 감정 체계의 신경망이 더 잘 재배선되었으며, 3세 이후에 입양된 아이의 경우 양육에 최적인 시기가 끝났기 때문에 양육을 통해 감정 체계를 재구성하는 일이 훨씬 더 어려웠다. 3세가 지나면 정서뇌 회로가 고정되어 경험으로 바꾸기 어려워진다는 뜻이다. 물론 아동기와 청소년기 내내 양부모의 보살핌을 받으면 청소년기에 이르러 뇌와 스트레스 체계가 회복될 수 있다.

부모나 양육자의 존재가 영아를 스트레스 상태에서 안정적 상태로 이끄는 것을 두고 사회적 완충 효과social buffering 또는 공동 조절co-regulation이라 한다. 공동 조절은 영아를 진정시키는 유일한 방법이다.

정서뇌는 3세가 되어야 성숙하기 시작하나 여전히 덜 발달돼 있는 상태로, 시간이 지나며 점차 튼튼해진다. 아이들은 각기 나름의 발달 곡선을 그린다. 정해진 나이나 때는 없다. 이 책에서 논의하는 모든 부분과 마찬가지로 이 정보는 아이들에게서 얻어야 한다. 조절이 필요한 때 아이들은 생존뇌를 통해 신호를 보낼 테고, 가능한 때가 되면 스스로 조절할 것이다.

자신이 충분히 기댈 수 있는 대상이 있다면 아이의 뇌는 안정적인 자기 조절 메커니즘을 형성한다. 또한 살면서 필요한 때 타인과 공동 조절을 할 수 있도록 신경 회로망이 발달한다. 자기 조절과 공동 조절은 스트레스를 처리해 정신 건강을 증진하는 유용한 방법이다. 스트레스를 느낄 때 타인을 찾는 태도를 '안정 애착 유형secure attachment style'이라고 하는데, 회복탄력적인 스트레스 체계가 잘 형성돼 있을 때 나타난다.

외부로부터의 조절을 필요로 하는 것은 영아가 지니는 가장 기본적인 인권이다. 이는 특히 영아들이 집착하는 대상이기도 하다. 만약 양육자와 소통하지 못하거나, 스트레스를 낮추거나 감정을 조절하기 위해 또는 양질의 잠을 자도록 도움을 받지 못한다면 아이의 뇌는 생존 메커니즘의 일환으로 높은 불안감을 느끼고, 외부의 도움을 받기 위한 방책을 모색한다. 양육자를 감시하고 관찰하고, 곁에서 떨어지지 않으려는 것에만 열중하는 것이다. 주변을 탐색하고, 놀고, 창의적인 활동을 하는 데 집중하는 대신 말이다. 스트레스 상황에서 타인을 향해 과도한 경계심을 보이는 이러한 태도를 '불안정 불안 애착 유형insecure anxious attachment style'이라고 한다.

이와 반대로 아이가 스트레스를 받고 있으나 양육자를 피하며 아무런 문제가 없는 양 행동하기도 한다. 이런 행동을 하는 이유는 자신이 어떠한 요구도 하지 않아야 양육자가 좋아하기 때문이다. 이를 '불안정 회피 애착 유형insecure avoidant attachment style'이라 부른다. 이는 아이의 뇌가 스트레스와 멀어지려는 생존 메커니즘을 생성하기 때문이다.

양육자의 보살핌은 일종의 '외부의 정서뇌'로서 아이에게 대체적인 뇌 회로로 작용한다. 물론 양육은 아동기와 청소년기, 성인기를 거치면서 사고뇌가 자랄수록 덜 필요해진다. 그렇다 해도 완전히 불필요해지는 날이 오지는 않는다. 나이를 불문하고 모든 인간은 힘들 때 사랑하는 이를 찾고, 친밀한 관계를 쌓으며 위안을 얻는다.

인간은 사회적 동물이다. 인간의 정신은 서로 연결돼 있으며 함께 작용한다. 긍정적이든 부정적이든 자신의 감정을 다루는 데 공동 조절을 필요로 한다. 성인이 되어도 부모의 위로를 찾은 적이 있을 것이다. 정서뇌 회로가 아무리 충분히 발달해도 부모의 존재는 아이에게 늘 힘이 된다.

부모는 외부의 정서뇌로서 영아를 위한 대체적인 뇌 회로로 작용한다. '아기가 울 때 무조건 달래주면 버릇이 나빠져 의존성이 높아진다'는 속설은 우리 사회에 만연한 거짓 정보 중 하나다. 확실히 짚고 넘어가자. 영아가 보내는 메시지와 울음에 주의를 기울이는 일은 버릇을 나쁘게 하거나 의존도를 높이지 않는다.

실제로 부모가 아이의 울음에 가끔만 반응하고 나머지는 무시하는 방식으로 버릇을 들이려 한다면, 독립심을 키우기는커녕 아이의 정서뇌 회로 발달이 늦어져 오히려 집착이나 회피 성향이 높아지고 정서적으로 불안한 아이로 자라게 된다.

3) 사고뇌

세 번째 단계는 사고뇌의 발달이다. 사고뇌는 감정 조절, 호기심, 계획성, 사고력, 창의성, 문제 해결 능력, 의사결정, 사회적 행동 등 여러 종합적인 사고 처리 과정을 담당한다. 이 회로는 뇌 전체에 복잡한 신경망으로 분포하며, 전전두피질에 특히 집중돼 있다. 사고뇌는 3세 무렵 정서뇌가 어느 정도 발달한 다음 성장하는데, 정서뇌 회로의 성장 정도와 기능에 따라 발달이 좌우된다.

회복탄력적인 정서뇌는 사고뇌의 높은 활동성, 사고력과 공존한다. 미성숙한 정서뇌는 사고뇌가 제대로 기능하지 못하도록 한다. 충분한 양육을 기반으로 자란 회복탄력적인 정서뇌 회로는 사고하는 뇌를 발달시키고 조절 능력을 강화하도록 돕는다. 사고뇌는 정서뇌와의 상호 의존성이 매우 높다. 인간이 하는 대부분의 일에는 두 회로가 모두 사용된다. 정서뇌 회로가 적절히 조절되면 두 회로 사이에 균형이 잡힌다. 그러나 특정 감정 때문에 정서뇌가 과도하게 활성화되면 균형이 깨지고 사고뇌의 기능이 차단되어 사고의 모든 부분에 해를 끼친다.

상상해보자. 당신은 지금 매우 스트레스받는 상황에 있다. 가령 안 좋은 일로 상사의 방으로 들어오라는 연락을 받았다. 정서뇌의 회복탄력성이 높다면 "잘리는 거 아냐? 뭐 잘못한 게 있나?"라며 위협을 느껴도 곧 사고뇌가 활성화되어 "상사가 아무리 혼내도 나는 감당할 수 있어"라며 당신을 진정시킬 것이다. 반면 미성숙한 정서뇌는 같은 상황에서 더 큰 스트레스를 느끼고, 더 민감하게 대응하며 사고뇌를 억제한다. 일주일 내내 회사 화장실에 숨어 상사를 피하는 모습을 떠올려보라. 사고뇌 회로가 잘 작동하기 힘들 것이다.

사고뇌는 정서뇌와 상호 의존성이 매우 높다. 사고뇌 회로에는 정서뇌 회로와 이어진 중요한 연결점이 많다. 그리고 두 뇌 영역의 회로들은 함께 긴밀하게 기능한다. 인간이 하는 대부분의 일에는 두 회로가 모두 사용된다. 정서뇌 회로가 적절히 조절되면 두 뇌 사이에는 균형이 잡힌다. 인간이 하는 대부분의 일에는 두 영역이 모두 사용된다. 그러나 특정 감정 때문에 정서뇌가 과도하게 활성화되면 균형이 깨지고 사고뇌의 기능이 차단되어 사고의 모든 부분에 해를 끼친다.

예를 들어 이번에는 어떤 과목을 열심히 공부해 시험을 치르게 되었다고 하자. 당신은 정서뇌와 사고뇌 사이의 균형 잡힌 활동 덕분에 모든 질문에 알맞은 답을 빠르게 적어 내려간다. 그러다가 굉장히 어려운 문제를 하나 마주한다. 문제를 보자마자 커다란 불안이 엄습하고 머리가 아파온다. 이때 정서뇌의 적응력이 높다면 스트레스 상태에서 비교적 빠르게 빠져나와 문제를 푸는 데 집중할 수 있다. 그러나 정서뇌가 제대로 발달하지 않으면, 명확히 사고할 수 있는 상태로 뇌를 되돌리지 못한 채 어쩔 줄 모르다가 시험을 마칠 것이다.

다행히 사고뇌는 생존뇌, 정서뇌와 달리 경직돼 있지 않다. 사고뇌 회로는 살면서 신경가소성을 통해 변할 수 있는데 변화를 꾀하려면 집중과 반복이 필요하다. 필요하다면 오랜 시간 치료를 통해 극복할 수도 있다. 따라서 사고뇌를 발달시키는 최선의 전략은 3세 전에 정서뇌를 충분히 발달시키는 것이다. 정서뇌와 사고뇌 사이의 균형이 건강한 정신을 결정짓는다.

0~3세 스트레스의 원인

오해 3: 아기는 스트레스 상태에서 스스로 빠져나올 수 있다.

→ 3세 이전의 아이는 그럴 능력이 없다. 해마와 전전두피질이
    성장하지 않았기 때문이다.

안정적인 스트레스 체계는 정신 건강과 신체 건강, 대인관계와 성공의 기반이다. 불안정한 스트레스 체계는 심하게 활성화돼 있거나, 아니면 심하게 억제돼 있는 형태로 나타난다. 이는 어린 시절 겪은 스트레스의 강도에 따라 달라진다.

스트레스 체계의 기본적인 뇌 회로는 편도체와 시상하부, 해마, 전전두피질에 집중돼 있다. 부모로서 각 영역이 스트레스 체계에 어떤 역할을 하는지 이해하는 게 중요한데, 우리가 아이를 키우고 아이에게 반응하는 모든 순간이 이 기본 체계를 그야말로 '쌓아 올리기' 때문이다.

보살핌을 받는 아이를 보면 나는 이런 생각이 든다. '정말 기쁘다! 아이의 편도체가 지금 무척 행복해할 거야.' 아이의 신호나 메시지가 무시당하는 모습을 볼 때는 이런 생각이 든다. '걱정이네. 아이의 편도체에 난리가 났겠군.' 부모인 우리 역시 영아기에 이러한 과정을 겪었으며, 그때의 뇌 구조는 지금까지 우리 삶과 육아에 영향을 미치고 있다. 이 과정을 이해하고 스트레스를 더 능숙히 조절하는 법을 훈련하면 성인이 된 다음에도 정신 건강과 우리의 육아 방식을 개선할 수 있다.

성인의 정상적인 스트레스 체계는 기본적으로 경고, 엑셀, 브레이크의 3단계를 거친다. 편도체는 '경고 신호' 역할을 한다. 외부 환경의 위협, 또는 우리 정신이나 신체에서 오는 내적인 위험이 있다는 감각 정보를 받아들여 이렇게 경고한다. "동작 그만! 위협이 감지됐어!" 영아기에 받은 양육은 경고 장치로서 편도체의 적응력을 높

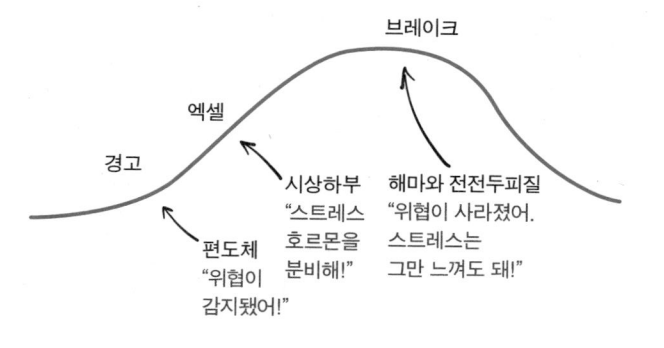

| 그림 5 | 성인의 뇌는 해마와 전전두피질로의 작용으로 스트레스를 스스로 조절할 수 있다.

이고, 특정 위협에 대응해 경보를 울리고, 사고뇌 사이 연결의 유연성을 강화한다. 말하자면 올바른 양육은 편도체를 성장시키는 일과 같다.

시상하부는 자동차의 '엑셀'과 같은 역할을 한다. 코르티솔, 아드레날린과 같은 스트레스 호르몬을 뇌와 신체에 분비해 몸과 마음 모두 위협에 대비토록 한다. "스트레스 호르몬을 분비해 위협에 대응하자!" 영아기 양육은 시상하부가 상황에 맞는 양의 스트레스 호르몬을 분비하도록 후성유전의 변화를 이끈다.

해마와 전전두피질은 '브레이크', 즉 제동 장치의 역할을 한다. 상황이 가라앉으면 편도체와 시상하부를 달래 스트레스 반응을 줄이다가 결국 중단시킨다. 그러면 스트레스 체계는 다시 안전한 상태가 되며, 뇌와 신체는 안정적 상태로 접어든다. 이렇게 달래는 것이다. "위협이 사라졌어. 스트레스는 그만 느껴도 돼! 안전한 상태로 돌아와."

반면 영아의 스트레스 체계는 미성숙한 상태에서 시작한다. 아

| 그림 6 | **3세 이전의 아이는 스스로 스트레스를 조절할 능력이 없다. 외부로부터의 도움을 받아야만 스트레스 지속을 막을 수 있다.**

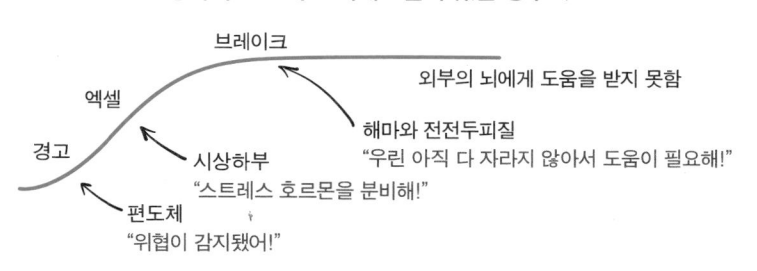

영아의 스트레스 체계 - 혼자 있는 경우

브레이크

외부의 뇌에게 도움을 받지 못함

엑셀

경고

해마와 전전두피질
"우린 아직 다 자라지 않아서 도움이 필요해!"

시상하부
"스트레스 호르몬을 분비해!"

편도체
"위협이 감지됐어!"

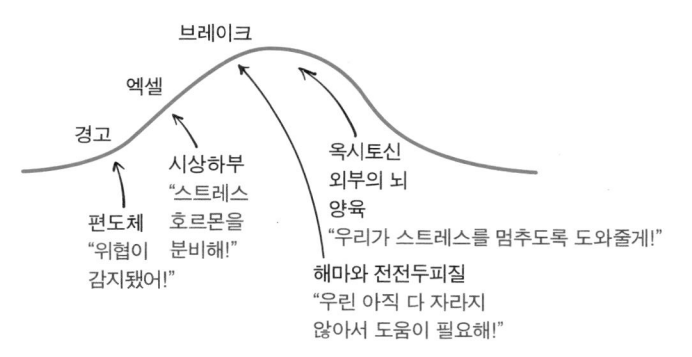

영아의 스트레스 체계 - 외부의 뇌에게 도움을 받는 경우

브레이크

엑셀

경고

시상하부
"스트레스 호르몬을 분비해!"

옥시토신
외부의 뇌
양육
"우리가 스트레스를 멈추도록 도와줄게!"

편도체
"위협이 감지됐어!"

해마와 전전두피질
"우린 아직 다 자라지 않아서 도움이 필요해!"

이의 편도체 '경고' 체계와 시상하부의 '엑셀' 체계는 어느 정도 작동은 한다. 문제는 아직 발달하지 않은 '브레이크'다. 해마와 전전두피질이 충분히 성장하지 않았기 때문에 스트레스 상황에서 브레이크를 걸고 회복할 능력이 없다.

그렇다면 아이들은 어떻게 스트레스 상태에서 안정적 상태로 돌아갈 수 있는 걸까? 외부의 도움을 받는 수밖에 없다. 아이가 믿고 의지하는 양육자의 존재가 아이에게 빠진 퍼즐 조각이다. 양육자의

| 그림 7 | **옥시토신으로 아이의 뇌가 둘러싸여 있을 때 편도체, 시상하부, 해마, 전전두피질의 발달을 촉진시켜 회복탄력성이 길러진다.**

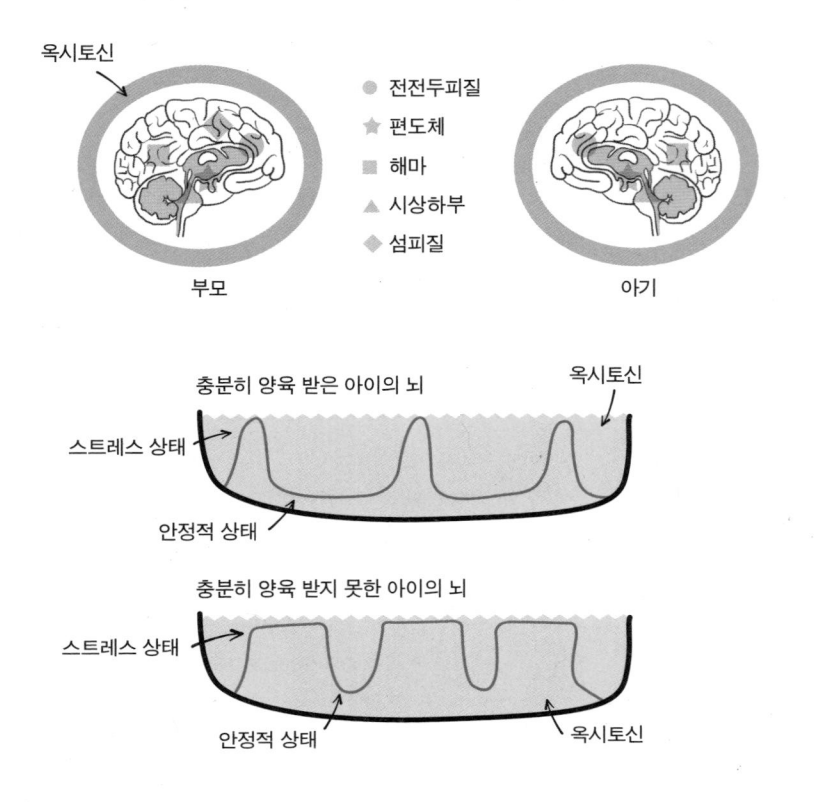

적극적인 보살핌으로 인해 분비되는 다량의 옥시토신이 아이의 스트레스 상태에 제동을 걸어준다. 아이가 울거나 투정을 부릴 때 애정 어린 손길의 부모가 아이를 안아준다면 경고 신호를 알리는 편도체의 활동을 억제할 수 있다.

반면 아이가 그 어떤 도움도 받지 못한다면 아이의 몸은 점점 경직되어 조용해질 것이다. 강한 스트레스를 견딜 수 없어 '해리 상태'가 되는 것이다. 진화적 측면에서 보면 유용한 생존 메커니즘일지도 모른다. 도와주는 사람이 없다면 차라리 조용히 잠을 자는 편이 포식 동물의 공격을 피하고 생존 확률을 높이기 때문이다. 그러나 이같은 상황을 반복적으로 겪은 아이가 건강한 정신을 가진 어른으로 자라기를 기대할 수는 없을 것이다.

부모가 아이와 유대감을 형성할 때 분비되는 옥시토신이 아이의 뇌를 성장시킨다. 아이의 뇌가 옥시토신에 둘러싸일 때 스트레스 수치가 올랐다가 빠르게 떨어지는데, 이는 아이의 회복탄력성을 촉진하는 이상적인 패턴이다. 또한 신경전달물질 체계, 인지 체계, 장 건강, DNA가 성장하는 방식에도 직접적인 영향을 미친다. 반면 아이의 뇌가 옥시토신의 도움을 받지 못하면 정서 및 인지, 건강 등 모든 측면에서 취약성이 높아진다.

이 모든 놀라운 발달 과정은 꽤 간단한 행동으로 시작한다. 아이에게 귀 기울여 반응해주는 것이다. 아이의 생존뇌는 당신에게 신호를 보낸다. 당신이 아이 곁에 있어야 한다고, 아이가 당신과 소통하고 싶어 한다고, 당신 곁에서 잠들고 싶어 한다고, 또는 이제 영아기를 벗어나 유아기에 접어들었으며 감정을 다스리고 주변을 탐구하는 데 당신의 도움이 필요하다고 말해줄 것이다.

당신이 아이에게 평온함을 느끼고 감정을 느껴도 안전하다는 확신을 주면 아이의 정서뇌와 스트레스 체계를 회복탄력적으로 발달시킬 수 있다. 정서뇌의 회복탄력성은 사고뇌의 복잡한 회로들 또한 회복탄력성을 기를 밑바탕이 된다.

타고난 기질도 변화시키는
0~3세 육아의 힘

뇌과학은 우리가 아이에게 물려주었을 수도 있는 스트레스에 민감한 기질을 양육을 통해 아예 충분히 줄일 수 있음을 보여준다. 우리는 아이에게 양육을 통해 회복탄력성과 양육 능력까지도 새롭게 물려줄 수 있다.

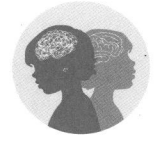

　어느 날 임신한 사실을 알게 된 미셸은 걱정을 가득 안고 나를 찾아왔다. 정신질환 가족력을 아이가 물려받을지도 모른다는 걱정 때문이었다.

　미셸은 그녀의 어머니와 할머니가 그랬던 것처럼 사는 동안 많은 시간을 우울증과 불안증에 시달렸다. 고등학생 때부터 치료를 받았고, 항우울제를 복용하다 중단하기를 몇 차례 반복했다. 미셸은 이렇게 말했다. "제 아이도 이런 고통을 겪게 하고 싶지는 않아요. 하지만 그럴 가능성이 큰 것 같아요."

　나는 미셸과 같은 걱정을 안은 수많은 가족과 상담을 했다. 이들은 그들 자신 혹은 윗세대에서 겪던 정신적 문제를 자녀에게 대물림할까 봐 심히 걱정했다. 이들의 깊은 걱정을 이해한다. 앞서 말했듯, 나 역시 예외가 아니기 때문이다. 우리 가족도 세대를 거쳐 전해진 트라우마와 정신적 문제를 겪은 역사가 있다. 솔직히 말해, 가족 구성원 중 정신적 문제나 트라우마를 지니지 않은 사람이 있는 집

안은 그리 많지 않다.

아마 우리의 성격과 본성이 선천적인지 후천적인지에 대한 논쟁을 접해보았을 것이다. DNA에 새겨진 정보가 우리를 만드는가? 아니면 이 세상에서 겪는 다양한 경험이 우리를 만드는가? 이 논쟁은 대중문화에서는 여전히 의견이 분분하지만, 과학자들은 뇌가 유전과 양육 사이의 무척 복잡한 상호작용에 의해 형성된다는 사실을 안다.

인간은 그저 유전이나 경험만 가지고 만들어지는 존재가 아니다. 두 가지 모두가 복합적으로 인간을 구성한다. 유전과 경험이 함께해야 회복탄력적인 뇌로 이어질 수 있다. 나는 미셸에게 이것을 보여주었고, 당신에게도 보여줄 것이다.

마음의 건강만큼은 아이에게 물려줄 수 있다

유전자 차원에서 아이의 스트레스 체계와 감정 체계, 평생의 정신 건강, 행복, 회복탄력성을 구성하는 중요한 퍼즐 조각이 세 개있다. 영아기에 받은 양육은 이 퍼즐 조각에 큰 영향을 미친다. 각퍼즐 조각을 하나씩 살펴보며 올바른 양육의 획기적인 힘을 알아보자.

1. 아이가 물려받는 유전자 또는 DNA

2. 유전자 속 민감한 '난초 유전자'의 포함 여부

3. 스트레스 또는 회복탄력성과 관련해 세대 간 경험을 반영하는 DNA 속 후성유전 표지

육아의 질에 따라 변화하는 아이의 타고난 본성

우리는 부모의 정자와 난자가 결합할 때, 즉 수정 단계에서 부모로부터 DNA의 형태로 유전물질을 물려받는다. DNA는 세포를 이루는 단백질의 구성 지침을 제공하며, 이 세포들이 우리 뇌와 신체의 모든 기관을 구성한다. 즉 DNA에는 발달 과정에서 우리 몸 전체를 구성하는 생물학적 지침이 담겨 있다.

심장과 간 등 대부분의 신체 기관의 경우 경험의 개입은 거의 없이 DNA가 처음부터 끝까지 기관의 구조를 만든다. 그러나 뇌는 예외다. 뇌의 구조는 DNA와 경험 모두의 영향을 받아 형성되기 때문이다. 임신 기간과 영아기에 DNA는 아이 뇌의 기초 구조를 만든다. 이어서 경험은 또 다른 중요한 유전자와 단백질, 세포, 뇌 회로를 만들고 또 강화한다.

DNA는 뇌를 비롯한 신체의 모든 기관이 기능하는 방식에 영향을 준다. 우리는 정신적 문제를 야기할 위험을 높이는 일부 유전자나 유전적 돌연변이가 있다는 사실은 알지만, 정신적 문제를 일으키거나 앞으로 겪게 될 것을 결정하는 유전자는 알지 못한다. 여기에서 경험, 특히 양육의 질이 중요한 역할을 한다.

뇌과학의 강력한 발견 중 하나는 물려받은 정신 건강의 유전적

스펙트럼과 무관하게 임신 중, 그리고 영아기에 경험한 양육이 영아의 정신 건강을 증진할 수 있다는 사실이다. 역으로 영아기의 양육 환경이 열악하면 물려받은 정신적 문제가 증폭될 수도 있다는 말이다.

예를 들어 'DISC1' 유전자는 정신과적 증상을 보유한 가족에게서 비교적 쉽게 발견되는 유전적 돌연변이다. 나는 'DISC1' 돌연변이를 동물 모델에 복제해 어린 시절의 경험이 정신 건강에 미치는 영향을 연구한 적이 있다. 'DISC1' 돌연변이를 물려받은 동물 모델이 새끼일 때 높은 수준의 보살핌을 받은 경우, 정신과적 증상은 나타나지 않았다. 보살핌의 행위가 유전적 돌연변이의 기능적 발현을 잠재울 수 있는 호르몬이 발현되도록 도운 것이다.

훌륭한 육아 환경에서도 정신적 문제가 지속되는 일부 사례도 있다. 영아기에 높은 수준의 보살핌을 받아도 아이에게 정신적 문제가 발현되는 것이다. 이는 물려받은 특정 유전자가 아이를 취약한 상태에 놓기 때문이다. 그러나 이러한 사례에서도 양육은 여전히 물려받은 특정 유전자의 영향력을 줄일 수 있으며, 몇 세대에 걸쳐 훌륭한 양육이 지속되면 점진적으로 정신 건강을 증진시킬 수 있다.

난초처럼 여린 아이 VS 민들레처럼 무던한 아이

오해 4: 아기는 원래 회복탄력적이므로 영아기의 경험은 중요하지 않다.

→ 영아기의 경험은 정신 건강에 영향을 미치는 유전자와 상호 작용하므로 매우 중요하다.

같은 집, 비슷한 환경에서 자란 아이들의 정신 건강 상태가 서로 달라지는 까닭은 무엇일까? 원인이 되는 요인은 여러 가지가 있지만, 일부 아이의 경우 경험에 더 민감하게 반응하는 유전자를 물려받았기 때문일 수 있다. 동일한 스트레스 요인을 경험해도 일부 아이들은 경험에 더 민감하게 반응하는 DNA를 물려받는다. 이러한 DNA를 과학자들은 '난초 유전자'라고 부른다. 난초의 꽃이 잘 자라려면 성장에 특화된 환경이 필요한 데서 비롯된 명칭이다. 반면 경험에 상대적으로 덜 민감하게 반응하는 DNA를 '민들레 유전자'라고 부른다. 민들레는 어떤 환경에서나 잘 자라기 때문이다. 민들레 유전자가 있는 사람에게는 경험이 미치는 영향이 비교적 적다.

양육의 질이나 스트레스에 대한 영아의 민감도 역시 스펙트럼이 넓다. 한쪽에는 영아기 경험에 극도로 민감하게 반응하도록 뇌로 자라는 DNA를 물려받은 사람이 있다. 반대쪽에는 영아기 경험에 덜 민감하게 반응하도록 뇌와 정신이 성장하는 DNA를 물려받은 사람이 있다. 영아기의 경험에 극도로 민감하게 반응하게 하는 난초 유전자가 있는 아이들의 건강과 성공, 성장은 긍정적 육아 환경에 달려 있다.

일례로 세로토닌 수송체 유전자SLC6A4도 난초 유전자로 알려져 있는데, 이 유전자는 세로토닌 신경전달물질 체계의 일부로 정신 건강에 영향을 미친다. 특정한 형태의 해당 유전자를 물려받으면 영아는 영아기와 아동기의 경험에 무척 민감하게 반응한다. 특히 영아기에 겪은 양육 환경이 열악한 경우 미래에 우울증이 발병한 확률이 두 배 높다. 세로토닌 수송체 유전자를 보유한 아이에게 양질의 양육을 제공한다면 높은 우울증 발병 확률 등의 다양한 어려움으로부터 아이를 보호할 수 있다.

민들레 유전자를 보유한 아이들은 거의 어떤 환경에서나 잘 자란다. 하지만 대부분은 내 아이를 대상으로 DNA 돌연변이나 난초 유전자가 있는지 테스트하지 못하며, 앞으로도 우리 아이에게 해당 유전자가 있는지 알지 못할 가능성이 높으므로 영아기에 양질의 양육을 제공해 아이가 건강한 정신을 가질 확률을 극대화하는 것이 중요하다. 영아는 마치 모두 난초 유전자가 있는 것처럼 대해야 하며, 최대한 양질의 양육 경험을 겪게 해야 한다.

| 그림 8 | 아이가 타고난 유전자와 회복탄력성의 정도가 다르더라도, 양육은 아이의 정신을 더 회복탄력적인 방향으로 이동시킨다.

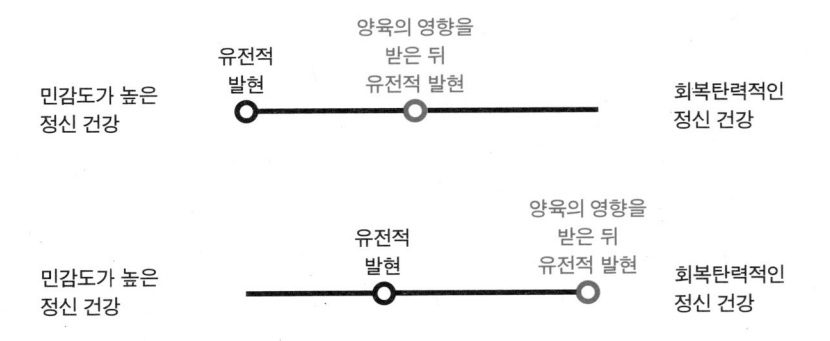

〈그림 8〉에는 서로 다른 정신 건강의 정도를 보이는 두 아이의 사례가 나와 있다. A의 경우, 정신 건강을 취약하게 만드는 유전적 요인을 갖고 태어났다. 이 아이가 양육을 잘 받으면 기준점이 회복탄력성 방향으로 이동한다. B의 경우, 정신 건강 기준점이 스펙트럼의 중간에 있는 유전자를 보유하고 있다. 이 아이가 양육을 잘 받아도 기준점은 역시 회복탄력성 방향으로 이동한다. 두 아이 모두 양육의 영향과 혜택을 크게 받지만, 물론 기준점의 최종 위치는 다르다. 이것이 양육의 결과가 사람마다 다르게 나타나는 이유다.

잘 알려진 다른 난초 유전자로 도파민 수용체DRD4가 있다. 이 유전자는 도파민 신경전달물질 체계의 일부로, 역시 정신 건강에 기여한다. 이 유전자를 물려받은 영아는 자신의 신호에 부모가 반응하는 방식에 극도로 예민하다. 부모가 세심하게 반응하면 영아들은 평범하게 발달한다. 하지만 부모가 주의를 덜 기울이는 경우 영아에게 공격성, 과잉행동과 같은 '외현화 문제 행동'이 나타날 확률, 그리고 주의력결핍과잉행동장애ADHD가 나타날 확률이 높아진다.

과학 연구 덕분에 시간이 지나면 DNA 돌연변이와 난초 유전자를 아마 더 자세히 알 수 있을 것이다. 그러나 우리에겐 이미 충분한 정보가 있다. 아이가 부모의 반응과 영아기의 경험에 무척 민감하게 반응하는 유전자를 물려받을 수 있다는 사실을 우리는 안다. 더 중요한 건 영아기에 긍정적인 경험을 제공함으로써 인생에서 누릴 수 있는 최고의 선물을 줄 수 있다는 것이다.

후성유전, 육아는 DNA에 흔적을 남긴다

육아와 양육 분야에서 후성유전 연구는 최근 20년 동안 주목을 받은 상대적으로 새로운 영역이다. DNA 자체의 변화 없이 변화하는 유전자 기능을 탐구하는 후성유전 연구는 DNA 위에 붙어 인간의 유전자 발현을 바꾸는 많은 단백질을 밝혀냈다. 후성유전 단백질은 이를테면 유전자의 볼륨 조절 버튼 같은 역할을 한다. 이 단백질이 DNA에 결합하면 유전자의 볼륨 버튼을 높여서 DNA 조각에서 더 많은 단백질을 생성하도록 할 수도 있고, 버튼을 낮춰 단백질 생산을 멈추게 할 수도 있다.

애벌레와 번데기, 나비의 변태 과정을 떠올리면 된다. 나비 자체의 DNA는 변함이 없다. 그러나 모습은 크게 바뀐다. 상태별로 일부 유전자가 '활성화'되고 나머지 유전자는 '비활성화'되기 때문이다. 애벌레와 번데기 상태에서 날개를 만드는 유전자는 비활성화돼 있지만, 나비가 되면 날개 유전자가 활성화된다.

최적의 양육 시기인 영아기에 겪는 경험이 아이들의 후성유전을 변화시킨다. 충분한 양육은 후성유전과 유전자 발현이 정신 건강을 강화하도록 만들고, 열악한 양육은 경험이 정신 건강을 더 취약하게 만들도록 후성유전과 유전자 발현을 변화시킨다. 아이들이 겪는 경험에는 우리가 영향을 미칠 수 없는 것이 많다. 하지만 우리는 양육을 통해 아이의 DNA에 후성유전 표지를 만들 수 있다.

후성유전 표지의 발달은 생각보다 훨씬 더 이른 시기인, 영아가 정자와 난자로 존재하던 때부터 시작된다. 정자와 난자에는 아버지와 어머니가 살면서 겪은 정서적 경험이 반영된 후성유전 표지가 포함돼 있다.

그렇기에 부모가 후성유전을 통해 아이에게 물려주는 경험에 처음부터 적극적인 영향을 미칠 수는 없다. 하지만 후성유전을 바꿀 수 있는 경험에 아이들을 노출시킬 수 있는 시기인 생후 3년에 우리는 아이에게 큰 영향력을 행사할 수 있다. 영아기에 아이를 잘 보살피면 회복탄력성과 건강한 정신을 기를 수 있는 새로운 후성유전 표지를 남길 수 있는 것이다.

동물 모델과 인간을 대상으로 한 획기적인 연구에 따르면, 영아기에 겪은 양육 경험은 스트레스 체계, 사회성 체계와 같은 정신 건강에 중요한 기본적인 뇌 체계의 후성유전 변화로 이어진다. 이는 아이가 풍부한 양육을 받을 때 회복탄력적이고 정신이 건강해지도록 뇌의 단백질을 형성케 하는 유전자에 후성유전 표지가 남는다는 점을 보여준다.

회복탄력성을 위한 후성유전학적 변화는 모든 스트레스 체계의 유전자에 나타난다. 편도체의 경우, 후성유전학적 변화는 뇌유래신경영양인자BDNF라는 단백질 유전자에서 발생하며 편도체 경고 체계의 적응력을 형성한다. 시상하부에서는 여러 유전자에서 후성유전학적 변화가 발생하는데, 그중에는 부신피질자극호르몬 분비호르몬CRH이라는 호르몬 유전자가 있다. 세포가 스트레스 호르몬을 덜 분비해 적응력 높은 스트레스 반응으로 이어지는 것이다.

해마의 경우 글루코코르티코이드수용체GR1라는 유전자에서 후성유전학적 변화가 나타나 스트레스 중단 신호의 강도를 높인다. 전 전두피질의 경우, 뇌유래신경양양인자에서 발생하는 후성유전학적 변화가 스트레스 중단 신호의 강도를 높인다. 옥시토신 체계에도 스 트레스 체계를 조절하는 후성유전학적 변화가 발생한다. 풍부한 양 육을 받는 아이들에게 발생하는 후성유전학적 변화는 뇌 체계에 안 정적인 스트레스 체계를 형성하며 불안과 우울에 대한 위험성을 낮 춤으로써 아이의 정신 건강을 보호한다.

양육 행동을 위한 후성유전학적 변화는 에스트로겐 체계의 유 전자NR3A1와 옥시토신 체계의 유전자OXTR의 사회성 체계에서도 발 생한다. 후성유전학적 변화는 아이들이 자라 그들의 아이에게 풍부 한 양육을 제공하는 부모가 되도록 만들기도 하는 것이다.

엄마의 우울증이 유전됐을까봐 걱정된다면?

오해 5: 정신 건강과 관련한 유전자나 트라우마를 부모 세대 로부터 아기가 이미 물려받았다면 이를 바꿀 수는 없다.
→ 양육법에 따라 물려받은 DNA와 후성유전에도 영향을 미 쳐 부정적인 영향력을 줄이거나 아예 없앨 수 있다.

트라우마, 폭력, 정신 건강의 문제, 열악한 육아의 유산을 DNA 를 통해 물려줄 수도 있다. 그러나 유전자에 전혀 손을 쓸 수 없는 건 아니다. 영아기의 경험은 중요하며, 풍부한 양육으로 우리 아이들이 회복탄력적이고 건강한 뇌와 함께 자라도록 할 수 있다. 또한 우리는 자녀를 보살핌으로써 미래 세대로 전달되는 육아의 유산을 남긴다.

육아는 혁명적인 활동이다. 만일 당신이 열악한 양육을 받으며 정신 건강 문제를 안고 살았다 해도 우리 아이들에게는 건강한 양육을 통해 새로운 후성유전의 세대 간 순환을 시작하는 아름다운 변화를 일으킬 수 있다. 한 세대 안에서 완성되기는 어렵다. 그러나 최선을 다하면 육아 문화를 발전시키고 새로운 순환을 시작할 수 있다.

우리 부모 세대보다 더 높은 수준으로 양육하면 아이들은 우리보다 더 나은 방식으로 양육할 테고, 그들의 아이는 한 발짝 더 나아갈 것이다. 그렇게 계속해서 반복되는 것이다. 단 한 명의 부모도 양육을 통해 엄청난 변화를 낳고 새로운 유산을 남길 수 있다.

Chapter 4

육아에 최적화된 '부모의 마음'을 활용하라

아이가 보내는 신호들이 부모의 뇌를 바꾼다. 부모로서 우리는 모두 인내심과 시간을 들여 이 과정을 통과해야 한다. 아이와 대부분의 시간을 보내는 양육자는 가장 큰 뇌 변화를 겪으며 강력한 '육아 슈퍼파워'를 갖게 된다.

이런 상황을 떠올려보자. 당신은 지금 회사에서 한참 회의 중이다. 그런데 갑자기 '책'이라는 단어가 떠오르지 않아 손짓발짓으로 설명을 한다. "이렇게 생긴 거예요." 손바닥을 붙였다 떼면서 떠오르는 아무 단어를 말하며 더듬거린다. 혹은 지금 당신은 막 방으로 들어왔다. 하지만 왜 들어왔는지, 무엇을 찾고 있었는지 영 기억나질 않는다.

우리는 이런 현상을 '엄마의 뇌', '아빠의 뇌', 혹은 '부모의 뇌'라고 부른다. 평소에 어렵지 않게 떠올리곤 했던 정보를 자주 까먹는 현상이다. 마치 머릿속에 안개가 잔뜩 낀 듯한 느낌이 들 것이다. 이 느낌에 짜증이 난 채로 나를 찾아온 부모들이 참 많았는데, 특히 어머니, 출산자, 주 양육자일수록 뇌와 사고 패턴이 바뀐 듯한, 어딘가 손상된 듯한 느낌을 받는다.

만약 비슷한 느낌을 받고 있다면 이는 착각이 아니며 단순히 수면이 부족해서 생기는 현상도 아니다. 물론 당신의 인지 능력이 사라진 게 아니다. 부모가 된 당신의 뇌에서는 실은 꽤 많은 일이 일어나고 있다. 여러 면에서 뇌가 달라진 것이다. 가장 주된 변화는 주의를 기울이는 대상이 단어나 대화, 선글라스의 위치가 아니라 당신의 아이가 된 것이다.

연구를 통해 부모가 되면 특화된 '육아 뇌 회로'가 조직되어 새롭게 나타난다는 사실이 밝혀졌으며, 같은 현상이 계속해서 관찰되고 있다. 육아 뇌 회로는 부모가 아닌 사람에게는 존재하지 않는다. 부모의 뇌는 단지 아이 앞에 선 성인의 뇌처럼 기능하지 않으며, 아이를 육아하는 데 특화돼 있다. 뇌가 조직되는 방식은 부모가 되면서 우리가 잃고 동시에 얻는 것이다.

슬프기도 하지만 축하해야 할 일일 것이다. 부모의 뇌는 아이를 안전하게 지키고 최적의 뇌 발달을 촉진하도록 하기 위한 생각과 감정, 행동으로 우리를 이끈다. 부모로서 우리의 뇌는 분자와 세포 단위, 회로 수준에서 영구적으로 완전히 변한다. 그러니 부모가 된 엄마들과 아빠들이 평소와 다른 느낌을 받는 것은 당연하다.

육아는 부모의 뇌마저도 변화하게 만든다

오해 6: 일단 아기가 태어나면 무조건 사랑하게 되고, 무엇을 해야 할지 저절로 안다.

→ 아이와 함께하는 수많은 시간이 쌓여 부모의 사랑과 지식,

아이와의 관계가 서서히 쌓인다.

기존의 연구는 두 가지 중요한 점을 보여준다. 첫째, 부모가 되는 누구든 커다란 뇌의 변화를 겪는다. 둘째, 부모의 뇌는 더 큰 변화를 경험하며, 육아에 필요한 능력은 생후 초기에 아이를 돌보는 데 쏟는 시간에 비례해 얻는다. 부모가 되고 처음 몇 달 동안은 '부모의 뇌'가 발달하는 시기로, 이때 부모의 뇌가 부모 자신과 아이에게 도움이 되도록 변하게 하려면 양육의 시간이 꼭 필요하다.

주 양육자보다는 아이와 상대적으로 덜 함께 있는 보조 양육자 역시 뇌 변화를 겪으며 아이를 돌보는 능력을 얻는다. 그러나 이들이 겪는 뇌의 변화와 육아 슈퍼파워는 초기에, 대략 12주에서 16주간 아이와 함께 보내는 시간에 의해 좌우된다. 이 연구 결과는 모든 부모가 아이가 태어나고 최소 3개월에서 4개월은 육아휴직을 가져야 하는 중요한 이유를 설명한다.

부모의 뇌 발달과 능력의 변화는 민감한 시기에 이뤄지며, 이 변화들은 평생 육아에 영향을 미친다. 연구에 따르면, 부모는 아니지만 아이를 돌보는 데 많은 시간을 보내는 사람, 즉 대행부모alloparent의 뇌도 육아에 특화된 방향으로 변한다. 조부모 같은 가족 구성원이나 친구, 베이비시터가 있을 수 있다. 부모가 되면서 생기는 뇌의 변화는 아동의 뇌가 성인의 뇌로 변하는 청소년기의 변화만큼이나 강력하다.

여러 연구에 따르면, '어머니기'와 '아버지기'는 성인기에 발견되는 가장 놀라운 뇌 변화와 신경가소성 발현의 시기다. 즉 육아를 위해 건강한 뇌 회로를 새롭게 만들 기회이자 우리 정신 건강의 기저에 있는 정서뇌 회로를 바꿀 기회다.

영아기의 아이들을 풍부하게 양육할수록, 가까이 있을수록, 더 반응해줄수록 옥시토신이 더 많이 분비된다. 옥시토신 분비가 증가하면 부모의 뇌는 더 변화하고 능력도 향상되어 아이와 우리 스스로를 잘 돌볼 수 있다.

변화를 기꺼이 받아들이기

부모가 되면 아이를 돌보는 데 도움이 될 강력한 신체적 변화가 동반되지만, 이러한 변화들이 우리의 정신을 약하게 만들기도 한다. 이렇듯 뇌가 변할 때 어른들이나 가족, 친구가 꾸준히 정서적·신체적으로 지원해주는 것이 가장 좋다. 여기에는 변화에 대한 인정과 행동, 처리, 관찰, 이해가 포함된다.

그러나 대부분의 사람에게 이는 먼 나라 이야기다. 특히 열악한 육아 문화에서는 부모의 변화를 넓은 마음으로 포용하거나 보듬어주지 않으며, 마땅히 받아야 할 존경심도 보이지 않는다. 부모에게 그 어떤 사회적 지원도 제공하지 않는다. 따라서 사회와 직장 문화 개선을 요구하는 동시에 부모로서 필요한 사항을 요구하고 구축해가는 건 우리의 몫이다.

부모가 되면 우리는 깊은 곳에서부터 변한다. 우리의 뇌, 행동, 생각, 호르몬, 생명 작용, 신체가 바뀐다. 제대로 된 인식과 지식이 있다면 이는 아름다운 선물이 될 수 있다. 아이를 돌보고 유대감을 형성하는 데 특화된 뇌, 우리 자신을 치유할 수도 있는 새로운 신경가소성의 시기라는 선물 말이다.

우리 뇌와 정신은 육아에 맞춰 바뀐다. 극적으로 바뀐다. 우리는 이 변화의 물결을 타고 더 나은 방향으로 자신을 변화시키고, 아이를 보살피고 아이에게 반응해주고, 아이와 정서적 유대감을 형성하고, 또 전반적으로 더 건강한 사람이 되도록 변할 수 있다.

엄마도 아빠도 모두 겪게 될, 뇌 변화 과정

어머니기에는 육아에 특화된 능력들을 강화하는 큰 변화가 뇌에 발생한다. 이러한 변화는 에스트로겐, 프로게스테론progesterone, 옥시토신, 프로락틴prolactin, 당질코르티코이드glucocorticoids와 같은 성호르몬을 통해 일어나며 임신과 출산, 이른 영아기에 걸쳐 변화한다. 연구에 따르면, 임신 기간 동안 어머니 또는 산모에게는 전에 없던 복잡한 뇌 회로가 생기는 동시에 특정 뇌 영역의 부피가 줄어든다.

뇌의 일부 영역이 줄어든다는 데 놀랄 수도 있지만, 사실 뇌과학적으로는 좋은 현상이다. 줄어든 뇌 영역은 육아를 위한 기능 강화를 위해 개선되고 있는 중이기 때문이다. 뇌를 해부학적으로 스캔하면 부모가 될 때 효율성이 높아지는 영역을 볼 수가 있는데, 뇌를 다시 스캔할 때 아이 사진을 보여주며 기능하는 영역을 확인해보면 효율성이 높아지는 영역과 동일한 부분만 빛난다.

엄마의 뇌가 변하는 부분과 아이를 육아하는 데 특화된 부분 사이에는 놀랄 정도로 겹치는 영역이 많다. 이는 어머니와 출산자의 뇌에선 임신 초기부터 육아에 특화된 회로가 발달함을 의미한다. 출산을 하지 않은 어머니 또는 주 양육자도 아이가 태어난 후 같은 변화를 경험한다.

임신 기간, 태아의 세포는 탯줄을 통해 임산부에게 유입된다. 이 세포들은 임산부의 뇌로 이동하고 육아 행동과 수유, 유대감 형성에 필요한 뇌 영역을 강화한다. 아이의 세포는 임산부의 몸으로 들어가 심장과 같은 장기를 치유할 수도 있다.

실제로 출산 때문에 생긴 복부 흉터의 치유된 조직에서 아이의 세포가 발견된 사례가 있다. 아버지기에도 테스토스테론testosterone, 에스트로겐, 옥시토신, 프로락틴, 당질코르티코이드를 비롯한 호르몬의 변화와 인지 뇌 회로의 발달을 통해 비슷한 변화가 발생한다. 아버지기는 아빠가 처음으로 아이와 접촉하는 순간 시작되어 영아기의 초기 수개월간 지속된다. 아이를 처음 만나면 아버지의 뇌에서는 옥시토신이 분비되는데, 이는 육아에 특화된 능력을 향상하도록 뇌가 변화하는 데 필수적이다.

아버지의 뇌는 '용량-의존적 관계'라 부르는 관계 속에서 육아에 적극적으로 참여하면서 커다란 변화를 겪는다. 아이와 함께 보내는 시간이 길수록 옥시토신이 더 많이 분비되며, 아버지의 뇌도 더 많이 변한다. 어머니기와 마찬가지로 남성의 경우에도 변화하는 뇌 영역들은 정서적 유대감이나 보살핌과 관련 있는 부분들이다.

출산 초기에 뇌가 많이 변할수록 아버지와 배우자의 육아 기술에 장기적인 도움이 된다. 영아기에는 많은 아버지가 아이와 유대감을 형성하는 데 어려움을 느낄 수 있지만, 아이를 안아주고, 먹이고, 목욕시키고, 기저귀를 갈아주는 등 함께하는 모든 행위가 유대감을 형성한다는 점을 기억하기를 바란다. 처음에는 겉으로 볼 때 큰 변화가 없어 보여도, 뇌에서는 놀이, 상호작용, 밀접하게 연결된 느낌을 바탕으로 아이와의 깊은 관계가 구축된다.

부모 마음속 4가지 '육아 슈퍼파워'

오해 7: 아이를 낳으면 뇌 기능이 손상된다.

→ 아이를 낳으면 당신의 뇌에는 육아 슈퍼파워가 생긴다.

부모의 육아 슈퍼파워는 양육을 위해 새롭게 생성된 부모의 뇌 회로에서 비롯되며, 이를 '양육 네트워크'라 부른다. 이렇듯 새로 형성된 뇌 회로와 능력에는 아이가 보내는 신호에 대한 민감도 상승, 아이의 감정을 이해하고 반응하는 공감 능력의 향상, 아이의 안전을 지키기 위한 위협 감지 능력 강화, 아이와 상호작용하며 느껴지는 보람과 평온함 등의 감정 증폭이 포함된다. 하나씩 살펴보자.

아이의 메시지에 민감해진다

울음은 영아의 중요한 의사소통 수단이며 생존에 필수적인 요소다. 아이는 위로나 스트레스 조절이 필요할 때, 또는 신체적 필요를 충족하기 위해 부모의 도움이 필요할 때 울음을 터뜨린다. 울음은 아이의 생존뇌가 이렇게 말하는 것과 같다. "지금 당장 도움이 필요해요." 그리고 당신의 '부모의 뇌'는 이 중요한 신호를 듣고 아이에게 다가가 반응하는 데 맞춰져 있다. 부모와 아이는 울음소리로 연결되도록 진화해왔다. 아이의 울음에 안정적으로 반응하는 행동은 아이의 정서뇌를 발달시킨다.

어머니기에는 특히 듣는 행위를 담당하는 주요 뇌 영역인 청각피질auditory cortex이 옥시토신 신호를 통해 발달한다. 놀랍게도 아이를 낳은 어머니에게는 아이의 울음소리를 듣는 데 특화된 능력이 생기며, 자신의 아이와 다른 아이의 울음을 구별할 수 있다. 어머니 또는 주 양육자 중에서 아이가 울지 않는 때에도 울음소리가 들리는 듯한 환청을 경험하는 사람도 많다.

대부분 이러한 현상은 아이를 두고 샤워하고 있을 때 발생한다. 겨우 샤워할 틈이 생겨 욕실에 들어가 머리를 감기 시작했는데 웬걸, 갑자기 아이가 우는 소리가 들리는 것이다. 놀라서 샤워실에서 뛰쳐나와서 보면 아이는 편안한 표정으로 안전하게 곤히 자고 있다. 이런 현상은 부모의 뇌가 울음소리에 얼마나 민감하게 반응하는지를 잘 보여준다.

많은 어머니와 주 양육자는 아버지나 보조 양육자보다 아이의 울음소리에 더 민감하게 반응한다. 한밤중에 애 우는 소리에 깨어 보니 배우자는 여전히 잠들어 있는 모습을 본 적 있지 않은가? 나 역시 그런 경험이 있다. 서운할 수도 있다. 그러나 보조 양육자의 뇌가 발달하는 데는 몇 주에서 몇 달이 걸린다는 사실을 이해해주자.

아버지나 보조 양육자의 울음에 대한 민감도는 어머니나 출산 자, 그리고 주 양육자와 다르다. 하지만 아버지 역시 자기 아이와 다른 아이의 울음소리를 구별할 수 있다. 이러한 차이는 보조 양육자가 아이와 함께 보내는 시간의 영향을 받기 때문일 수 있다. 이렇듯 모든 부모의 뇌는 아이를 양육할 때 변화한다.

공감 능력이 강화된다

부모가 되면 타인의 감정에 공감하는 능력이 향상되며, 타인의 마음을 이해하는 능력 역시 강화된다. 덕분에 부모는 아이가 보내는 메시지에 효과적으로 반응하고, 아이가 기댈 수 있는 외부의 뇌와 같은 역할로 아이에게 도움을 줄 수 있다. 아이의 울음소리는 부모의 뇌 영역인 섬피질과 전전두피질을 활성화한다. 섬피질은 정서적·인지적 공감에 관여하기 때문에 아이가 울 때 아이의 감정을 느끼고 이해할 수 있다. 전전두피질은 아이가 울면서 발생할 수 있는 불안 등의 감정을 조절하는 데 관여한다.

이와 같은 방식으로 부모의 뇌는 아이의 고통을 느끼고 이해하면서 아이를 도울 수 있도록 스스로를 조절한다. 부모가 되면 공감을 위한 뇌 연결망은 더 강화된다. 아이가 어떠한 감정을 느낄 때 우리 뇌는 아이의 감정 상태를 섬피질에 투영한다.

그리하여 우리는 아이의 감정을 자신의 신체에 투영하고, 과거의 경험을 바탕으로 그 감정이 무엇인지 이해한다. 아이가 고통을 느끼고 있다면 우리는 고통의 상태를 우리 뇌와 몸에 체화한다. 아이가 기쁨을 느끼면 그 상태 역시 뇌와 몸에 체화시킨다. 이러한 기술을 통해 우리는 아이의 감정을 지지해준다.

아이의 마음을 이해하는 능력은 경이롭다. 하지만 동시에 지치는 일이고, 그리 인정받거나 칭찬받지도 못한다. 아무도 알아듣지 못하는 내 아이의 옹알이를 해석해주던 때가 떠오른다. "소파 뒤에 놓고 간 컵을 달라고 하네요." "오늘 미끄럼틀을 타고 왔대요." 아이가 짜증을 낼 때도 알아들을 수 있는 사람은 역시 나뿐이었다. "식탁 위에 팔을 올려놓은 게 짜증이 나나 봐요." 심지어 가끔은 밖으로 표현하기 전에 아이의 감정을 느끼거나 예측할 수 있던 경우도 있었다.

아이의 필요를 예측하는 건 마치 암산처럼 느껴질 수 있다. 정신적으로 지친다는 말이다. 주 양육자로서 우리는 기저귀는 언제 갈았고 밥은 언제 주었으며, 아이가 알레르기를 일으킬 수 있는 물질에 노출은 되지 않았는지, 이번 달 기저귀와 분유, 병원비에는 얼마나 들었는지, 목욕시키고 몇 시간이나 지났는지, 그 외 약속과 일정은 무엇이 있는지, 빨래는 언제 돌렸는지, 아이 옷 사이즈가 얼마나 변했는지 머릿속에서 끊임없이 계산하면서 더하고 빼야 한다.

우리가 얻은 이 능력과 해야 할 일은 대부분 눈에 띄지 않고 인정받지 못한다. 힘든 동시에 꾸준히 해야 하는 일이다. 많은 사람이 이 일의 고됨을 이해해줘야 하는 이유다.

위협 감지 능력이 강화된다

부모의 뇌는 위협을 예측하고 아이를 보호하기 위한 회로를 발달시킨다. 이 회로는 광범위한 연결망이며, 편도체를 포함한다. 위협 감지 능력이 강화되면 아이를 안전하게 보호하는 데 도움이 된다. 부모의 뇌는 계속해서 주변 환경을 살피며 위협이 발생할 수도 있는 요인을 예측하고 아이를 안전한 곳으로 이끈다.

나는 늘 내 아이에게 발생할 수도 있는 사고를 상상하곤 한다. 수영장에 있을 때는 아이가 물에 빠질 수 있는 상황을 상상하고, 발코니에서는 아이가 떨어질 수 있는 상황을 떠올린다. 놀이터에서는 발을 헛디뎌 놀이기구에서 떨어지는 모습을 상상한다. 당연히 생각만으로도 두려운 상황이다. 그러나 미리 떠올려보면서 아이가 안전하도록 예방 조치를 취할 수 있다.

보람과 평온함이 늘어난다

부모가 되면 아이와 함께 있을 때 보람과 평온함을 느끼도록 뇌 회로가 연결된다. 이 변화는 도파민 체계에서 일어난다. 도파민 체계는 맛있는 음식이나 친밀감, 음악, 활동 등 우리가 즐거워하는 모든 대상에 의해 활성화된다. 부모가 되면 아이는 아주 큰 보람을 주는 원천이 된다. 더불어 옥시토신이 편도체에서 진정 효과를 일으킬 때 변화가 생기기도 한다. 그래서 아이와 있을 때 부모가 가장 평온하고 안전하다고 느끼는 것이다.

아이와 함께 있을 때 느끼는 보람과 평온함은 아이를 계속 곁에 두고 아이를 좋아하게 만든다. 그 결과 아름답다고 할 수밖에 없는 순환이 형성된다. 아이로 인해 보상과 평온을 느끼므로 부모는 아이와 더 가까이 있고 싶어지고, 아이와 가까워지면 옥시토신과 도파민 분비가 늘어 육아의 질도 높아진다. 아이를 돌보는 일은 힘든 일이다. 안다. 그러나 아이를 안고 웃어주며 이 조그마한 생명체와 함께 있을 때 느껴지는 기쁨은 압도적이다.

오랜 시간, 불안을 느끼는 부모들은 불안증에 대한 해결책으로 아이를 분리해왔다. 하지만 부모가 아이와 함께 시간을 보내고, 필요한 경우 추가적인 지원을 받는다면 불안을 완화하는 데 도움이 된다.

부모가 되어 새롭게 생긴 능력을 받아들이면 발달하는 영아의 뇌를 보살피고 지지할 힘을 기를 수 있다. 부모의 특별한 능력은 부모의 본능과 뇌, 몸이 아이에게 필요한 것을 감지하는 능력, 즉 부모로서의 직감을 형성하는 토대다. 직감에 귀를 더 기울일수록 더 잘 들리고 아이를 보살피고 성장시키는 일이 더 수월해질 것이다.

아이가 보내는 메시지에 최대한 열심히 반응하고, 아이에게 깊이 공감하고, 하루 종일 아이를 안고 있고, 아이를 보호하고 싶은 감정이 드는가? 감정에 따르라. 그것이 바로 부모의 본능이다. 본능에 따르면 평온함과 보상이 따른다. 아무리 반응해줘도, 아무리 공감해도, 아무리 오래 안고 있어도, 아무리 보호해도 절대 지나치지 않다. 이 모든 행위가 바로 당신의 뇌가 변화한 이유다.

아이를 우리에게 가르침을 주고 부모의 뇌를 성장시켜 주는 스승이라고 여기자. 그래야 한다고 느껴지는 만큼 아이의 곁에 있고 연결돼 있어야 우리 자신과 아이의 뇌를 발달시키기 위해 최선을 다할 수 있다. 부모의 본능에 귀를 기울이고 방해 요소를 무시할수록 아이의 뇌가 더 수월하게 발달할 수 있을 것이다.

검증되지 않은 육아 상식에 휘둘리지 말자

변화한 부모의 뇌는 적극적인 육아를 위한 큰 동력이다. 하지만 부모가 자란 방식, 가족이나 사회에서 아이와 관련해 들은 여러 이야기, 아이를 적극적으로 보살피고 싶어 하는 본능을 따르지 못하도록 방해하는 친구와 가족, 소위 전문가들이 전하는 조언 등 육아에 관해 검증되지 않은 생각들 또한 부모에게 큰 영향을 주며, 육아에 혼란을 주기도 한다. 진정한 부모의 뇌의 본능을 이끌어내기 위해 알아야 할 것들을 살펴보자.

부모 자신이 어려서 양육된 방식을 돌아보자

조상이 자라온 방식에 따라 뇌에 남겨진 후성유전학적 표지는 우리의 타고난 육아 능력에 영향을 미친다. 어려서 충분한 양육을 받았다면 우리의 뇌는 아이를 풍족하게 양육하는 쪽으로 영향을 받을 것이다. 열악한 양육을 받았다면 반대되는 영향을 받을 테고 말이다.

물론 대부분의 사람은 아주 훌륭한 양육과 아주 열악한 양육 사이 중간 수준의 양육을 받으며 자랐을 것이다. 이 양육 스펙트럼에서 자신의 위치를 알면 육아하는 뇌를 발달시키는 데 도움이 될 수 있다. 양육이 충분치 못했거나 모범이 될 만한 사례를 경험한 적이 없다면 부모가 되는 과정에서 더 많은 걸 보고 배워야 할 수도 있다.

그런 경우에는 할머니, 친한 친구 등 육아 경험이 있는 사람을 불러 함께 시간을 보내보자. 많은 걸 배울 수 있을 것이다. 어떤 경험이든 아이를 키우는 법에 도움이 될 수 있다.

내 할머니는 늘 내 발자국을 지갑에 넣고 다니시다가 필요해 보이는 신발이 보이면 크기에 맞는 신발을 사주셨다. 돌이켜보면 그런 모습에서 '할머니의 머릿속에는 늘 내가 있고 나를 중요하게 여기시는구나'라는 걸 느꼈던 것 같다. 과거의 경험에서도 나는 내 아이를 위한 영감을 얻는다.

육아와 관련된 잘못된 팩트를 체크하자

우리 자신이 처한 문화, 가족들이 육아에 관해 들려주는 이야기, 그리고 이미 머릿속에 박혀 있는 육아에 관한 지식은 육아 뇌 회로에 큰 영향을 미친다. 내가 육아에 관해 어떤 이야기를 제대로 알고 있나 확인해보는 게 중요하다.

육아와 관련한 이야기들을 세세히 검토하지 않으면 "아기가 태어나면 부모와 떨어져 있는 게 가장 좋대"와 같은 이야기가 반복되며 "아기를 안고 있는 게 좋아"라는 부모의 뇌가 보내는 신호를 억누르게 될 수 있다. 영아와 부모의 신경생물학적 관점에서 거르다 보면 이러한 이야기들을 듣는 대신 아이가 태어나자마자 느껴지는 직감에 귀를 기울일 수 있다.

어떤 어머니는 자신의 아이를 가장 키우기 쉬운 아이, 즉 '착한 아기'였다고 표현했다. 이 이야기에는 '착한 아기'라면 안아주지 않더라도 하루에 몇 시간이고 혼자 있을 줄 알아야 한다는 기대가 내포돼 있다.

하지만 그 후 어머니가 된 그 아이는 심한 불안과 불면증을 앓았고 경계선 성격장애*를 진단받았다. 자신이 잘 자랐다는 데 이제 어머니가 된 그 아이는 동의하지 않았다. '착한 아기'에 내포된 우리의 생각을 면밀하게 검토하지 않으면, 착한 아기라면 종일 혼자 있을 수 있다는 생각에 부모는 아이가 보내는 신호를 무시할지도 모른다.

사회에서 흔히 접할 수 있는 아이에 관한 이야기들은 사회 구성원 모두에게 영향을 미친다. 대표적으로 이런 말들이 있다. "아기를 너무 자주 안아주면 버릇이 나빠진다." "운다고 다 달래줘선 안 된다." "정서적 독립심을 키워줘야 한다." "항상 아기를 안고 있으면 부

---

* 대인관계가 매우 불안정하고 극단적인 정서 변화를 겪으며, 충동적이고 자기 파괴적인 행동을 보이는 인격 장애

모가 약해진다." 이제 우리는 아이의 뇌가 이 말들 중 단 하나의 항목도 수행할 수 없다는 걸 안다.

이 모든 이야기는 부모의 뇌가 말하는 본능과 아이가 정서적 뇌를 발달시키는 데 필요한 것에 반한다. 비록 틀렸다는 걸 알지만, 이런 이야기들은 여전히 우리를 흔들 수 있다. 부모는 과학적 사실을 바탕으로 생각해 자신의 뇌가 보내는 메시지에 초점을 맞춰야 한다.

부모 자신마저 치유하는 뇌 변화의 기적

육아에 관해 어떤 이야기를 전해 들었건, 육아 방식만큼은 우리가 선택할 수 있다. 아이 뇌의 회복탄력성과 정신적 건강을 높여줄 뿐만 아니라 부모 자신도 치유 받을 기회를 주는 육아 방식을 택할 수 있는 것이다. 부모가 되는 과정에서 일어나는 신경가소성의 변화는 부모의 뇌를 치유한다.

부모가 되며 극적으로 변하는 뇌 영역은 영아기에 발달하는 정서뇌 영역과 겹친다. 부모가 되면 섬피질처럼 감정 지능에 관여하는 복잡한 연결망과 함께 편도체, 해마, 전전두피질에 상당한 변화가 발생한다. 부모는 성인기의 그 어느 시기보다 변화하고자 하는 동기가 강하다. 아이에게 도움이 되도록 더 건강해지고 자신의 뇌를 재배선하려는 동기가 있다.

〈그림 9〉는 아이를 열심히 양육할수록 더 큰 변화를 보이는 뇌

| 그림 9 | **양육 과정에서 분비되는 옥시토신 덕분에 부모의 뇌는 영아기에 형성된 회복탄력성 관련 뇌 영역을 재배선할 수 있는 신경가소성을 얻게 된다.**

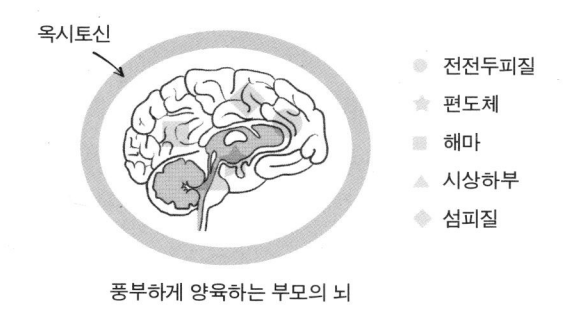

옥시토신

⬤ 전전두피질
★ 편도체
◼ 해마
▲ 시상하부
◆ 섬피질

풍부하게 양육하는 부모의 뇌

영역들을 보여준다. 부모가 되면 영아기에 발달한 정서뇌를 재배선할 특별한 기회를 얻는다. 아이를 돌보도록 프로그래밍된 방식으로 말이다.

부모가 되며 생긴 성인 신경가소성을 의식적으로 키우고 활용해 변화를 꾀할 수도 있다. 육아 과정에서 옥시토신을 분비하는 부모의 뇌에 의식적으로 변화를 일으켜 편도체와 해마, 전전두피질, 그리고 섬피질을 정신 건강에 유리한 방향으로 극적으로 재구성하는 것이다. 아이에게 행하는 양육이 열악하면 옥시토신의 수준도 낮고 의식적인 변화도 줄어들기 때문에 부모의 정신 건강을 재구성할 기회를 잃는다.

아이를 양육함으로써 부모는 자신의 정서뇌를 재배선할 수 있다. 당신은 아이에게 이렇게 말할 것이다. "내가 널 안아주고 있어." "너를 위해 내가 여기에 있어." "네 감정은 안전해." 사실 부모는 자기 내면의 아이에게 말하는 방식을 배우는 것이기도 하다. 아이와

양가감정을 느끼는 건 당연한 현상이다

부모가 되며 뇌가 변화할 때 많은 부모가 양가감정이라고 하는 상반되는 감정을 느낀다. 부모로 변하는 과정에서 당연히 생기는 일이다. 진심으로 아이를 사랑하지만, 자기만의 시간을 보내도록 누군가 와서 아이를 좀 데려가면 좋겠다는 생각이 들기도 한다. 아이가 까르르 웃는 소리에 완전히 매혹되었다가도 제대로 잠을 자지 못한 데서 원망이 느껴지는 때도 있을 것이다.

양가감정은 대부분의 부모가 다른 사람과 편히 공유하지 못하는 부분 중 하나다. 많은 이가 상충하는 감정에 부끄러움을 느낀다. 임신과 육아는 경이롭고 즐거운 일이 맞다. 하지만 동시에 깊은 슬픔과 외로움을 느끼게 하는 일이기도 하다.

이 과정에서 여러 상반되는 감정을 동시에 느끼게 되리라는 점을 꼭 이해하면 좋겠다. 깊은 사랑은 물론 깊은 슬픔을 동시에 느끼게 될 것이다. 많은 초보 부모가 이런 감정이 들 때 부모로서 잘못하고 있다고 느낀다. 이를 부모가 되는 과정에서 겪는 주요한 인생 경험의 자연스러운 일부로 인식하고 받아들여야 한다. 상반되는 당신의 감정을 이야기를 나눌 수 있는 모두와 공유하자. 당신의 감정을 당연한 것으로 만들어야 한다.

안정적이고 친밀한 관계를 형성할 때 그것이 부모도 태어나 처음으로 경험하는 안정적인 관계일 수 있다. 우리는 스스로에게 다시 부모가 되어주면서 우리 내면의 아이를 치유하는 것이다.

부모가 되는 변화의 과정에서 꼭 알아두어야 할 것

부모가 되는 과정에서 오는 긍정적인 뇌의 변화는 높은 경계심과 불안, 괴로움, 걱정, 강박적 성향을 동반할 수 있다. 특히 과거에 정신 질환을 앓았거나 어린 시절에 안 좋은 경험을 한 적이 있다면 육아 과정에서 그것이 다시 수면 위로 떠오를 수도 있다. 모든 사람이 이러한 감정을 겪는 건 아니지만, 만약 그렇다고 해도 산후 3~4개월을 넘기지는 않는다. 이 시기에 아이들이 가장 취약하기 때문에 이는 당연한 현상이다.

처음 몇 달은 내 아이가 숨을 쉬는지, 잘 먹는지, 똥오줌은 잘 싸는지, 잘 자라고 있는지 세심히 관찰하며 파악해야 한다. 감정이 감당하기 힘들다고 해서 곧바로 병원을 찾아갈 필요는 없다. 큰 호르몬 변화를 겪는 시기에는 기분도 따라서 변한다는 사실을 기억하자. 어머니와 출산자의 경우 출산하고 며칠 후 젖이 나올 때, 생리가 다시 시작될 때, 아이가 밤새 잠을 자기 시작하고 젖이 줄어들 때, 아이가 젖을 뗄 때 특히 그렇다.

부모가 되며 뇌과 변화하는 과정에서, 어떤 사람들의 경우에는 더 심각하고 불안한 변화를 겪기도 한다. 어머니든 아버지든 모든 부모는 산후 우울증, 산후 불안증, 때로는 산후 정신병을 겪을 수도 있다. 정신 질환은 아이를 낳고 몇 주나 몇 달 후, 또는 영아기에 해당하는 3년 동안, 그 후에도 발생할 수 있다. 산모 7명 중 1명이, 아버지의 경우 10명 중 1명이 산후 정신 건강 문제를 경험한다. 부모 중 하나가 힘들어하면 나머지 한 명도 영향을 받을 가능성이 커진다. 서로의 변화를 관찰해 필요한 경우에는 정신 건강을 지원할 계획을 세우는 게 중요하다.

특히 육아로 인한 사회적 단절 상황에서는 감정을 감당하기 힘들 수 있으며, 견디기 어려울 정도의 경계심, 불안감, 괴로움, 강박적 성향이 나타날 수도 있다. 이때는 출산 전후의 정신 건강을 전문으로 하거나 관련한 경험이 있는 전문가의 도움을 받아야 한다. 산후 정신 건강 위기와 관련해서는 여러 새로운 치료법이 등장하고 있으므로 최대한 빨리 도움을 받아야 한다. 신속하게 도움을 받을수록 더 빨리 진정된다.

아이를 임신하게 된 계기, 유산이나 신생아를 잃은 경험의 유무, 출산 경험, 아이의 성별, 아이의 건강, 산후 초기의 경험과 관련된 모든 감정이 정신 건강에 큰 영향을 미칠 수 있다. 임신 기간을 상대적으로 수월하게 보냈다고, 아니면 힘들었다고 여길 수도 있고, 유산이나 신생아의 사망, 불임 치료를 경험했을 수도 있다. 출산 경험은 절정의 순간이나 성공의 순간부터 고난과 충격까지, 폭넓은 스펙트럼 안에서 인지될 수 있다.

출산 직후 한 시간 동안은 기쁠 수도, 힘들 수도, 두 가지 감정을 모두 느낄 수도 있다. 이 모든 감정은 부모인 당신에게 영향을 준다. 당신이 겪는 다양한 경험을 잘 처리해야 자신과 아이를 충분히 양육할 수 있다. 그리하여 육아에 감정을 투영하지 않도록 해야 한다. 그렇다면 누구와 이런 이야기를 나눌 수 있을까? 의사? 친구? 산후조리원 직원? 당신의 여정을 귀 기울여 듣고 지지해줄 사람을 찾아보자.

오프라인 또는 온라인 부모 그룹, 모유 수유를 하는 경우라면 수유와 관련한 지원, 조부모, 친구, 세심하게 돌봐주는 요가 선생님, 육아를 중심적으로 다루는 SNS 계정 등 도움을 구하고 찾을 수 있는 곳은 다양하다. 대개 잘 맞는 치료를 받으면 몇 주 혹은 몇 달 안에 증상이 완화되며, 몇몇 최신 치료법은 그보다 더 빨리 들을 수도 있다.

여기에서 가장 중요한 부분은, 만약 산모나 당신의 배우자가 치료를 받는다면 아이가 계속해서 기댈 수 있는 역할을 할 사람을 정해놔야 한다는 점이다. 조부모, 다른 가족 구성원, 친구, 기타 양육자 등이 될 수 있다.

더욱이 당신이 산후 기분장애를 겪고 있다 하더라도 아이의 존재는 계속해서 당신이 부모의 역할을 하도록 신호를 보낼 것이다. 물론 보조해주는 양육자가 있든 없든, 치료를 받는 중에도 당신의 아이를 곁에 두고 싶고 또 그렇게 할 수 있는 상황이라면, 아이를 곁에 두는 것이 당신의 마음을 치유하는 데에도 중요하다.

임신과 출산, 그리고 신생아 집중 치료실까지, 여러 사건을 겪은 뒤 나는 충격에 빠졌고 심각한 우울증으로 이어지는 문턱에 서 있었다. 이때 밤이고 낮이고 아이를 곁에 두고 모유를 수유하는 게 나에겐 약이었다. 아이와 붙어 지내면서 나의 정신 건강은 서서히 치유되었다. 타인과의 연결감은 정신 건강에서 중요한 부분이다. 치유는 독립적으로 이뤄지지 않는다. 상호 연결을 통해 이루어진다.

영유아와 청소년이 가공할 만한 뇌의 변화를 겪으며 지원을 필요로 하고 또 마땅히 받듯, 부모도 마찬가지다. 당신이 느끼는 감정, 필요는 모두 정당하며, 부모가 되며 자연스럽게 뇌가 변화하는 과정을 겪으며 당신 역시 보듬어지고, 보살펴질 수 있다.

육아 수준이 낮은 문화에서는 보통 양육을 통해 생기는 변화와 그 중요성을 잘 이해하지 못하지만, 양질의 육아 문화를 받아들이면 이와 같은 인식을 바꿀 수 있다. 부모가 될 때는 변화가 발생하며 이 과정이 자연스러운 일이라는 것을 이해하면 첫 번째 아이든 다섯 번째 아이든 부모가 되는 과정에서 느끼는 괴로움을 일부 덜어낼 수 있다.

그러나 성공적인 육아에 필요한 지원을 받기 위한 계획을 세워 두는 것도 좋다. 나의 개인적인 경험에서, 그리고 많은 부모와 상담을 하면서 깨달은 건 이 변화는 빠르게 지나가는 쉬운 길이 아니라는 점이다.

대부분의 부모는 출산 후, 나지만 내가 아닌 듯한 상태 또는 경계 상태를 경험한다. 아이를 낳기 전의 '내 모습'과는 다르지만, 그렇다고 아직 새로운 모습으로 탈바꿈은 되지 않은 상태다. 당신은 아직 배우고 성장하고 있다.

PART 2

0~3세
실전 애착 육아법

Chapter 5

뇌과학으로 배우는
공감·애착 육아 로드맵

기존의 관행을 넘어, 과학적 증거에 기반을 둔 육아 지침이 필요하다. 지난 30년간 이어져온 뇌과학 연구는 육아에 관련한 모든 오해에 종지부를 찍고 아이가 진짜 필요로 하는 양육을 할 수 있도록 우리를 해방해줄 것이다. 뒤에 이어지는 내용을 육아에 필요한 기준점으로 생각하자.

　육아란 일견 당연하면서도 알쏭달쏭한 개념이다. 우리 아이를 잘 키우고 싶다는 의지와 함께 부모가 되는 과정에 접어들지만, 육아가 정확히 무엇인지는 알지 못한다. 양육 관계를 형성하는 관행, 느낌, 생각, 행동, 의도에는 무엇이 있는가? 부모와 아이의 뇌를 성장시키는 환경에는 무엇이 포함되거나 혹은 배제되어야 하는가?

　우리가 이러한 질문들의 답을 모르는 것도 무리는 아니다. 지난 100여 년 동안 우리가 육아라고 여겼던 것 중 대부분이 실은 제대로 된 양육이 아니기 때문이다. 우리는 어릴 적에 대부분 엉덩이를 때리거나 벽 보고 혼자만의 시간을 갖도록 하는 등의 체벌이 있는 가정에서 자랐다. 정서 지능이나 스트레스 상태, 안정적 상태에 대한 이해를 바탕으로 아이를 키워낸 가정에서 자란 사람은 거의 없다.

　오늘날 널리 통용되고 장려되는 육아 관행들은 아이 뇌의 정서 발달을 고려하지 않은 것이 대부분이다. 독립심 훈련, 수면 훈련을 일찍부터 시작하거나 포대기, 그네, 보행기와 같은 아기용품을 과도하게 사용하기도 한다.

특히 우리는 아이를 '아이 취급'하거나 혹은 아이의 '버릇을 잘못 들이지 않도록' 너무 자주, 너무 오래, 항상 안아줘서는 안 된다는 이야기를 항상 들어왔다. 아이에게 귀를 기울이고 반응해주고, 손길과 관심을 강하게 필요로 하는 아이의 뇌에 공감하도록 발달하는 부모의 뇌를 고려하면, 이와 같은 메시지는 당연히 혼란스럽다. 과학에 근거한 제대로 된 육아 지침이 필요한 상황이다.

양육의 기본이 되는 두 가지 핵심 개념을 나는 '양육자의 존재 nurturing presence'와 '공감 육아nurtured empathy'라고 부른다. 두 개념이 함께 육아의 본질을 이룬다. 아이를 키우는 데 양육자의 존재와 공감 육아법을 중심에 두면 아이의 뇌에 양육에 도움이 되는 호르몬과 신경전달물질이 활발히 분비한다.

나아가 아이의 정서뇌를 발달시키고, 부모의 뇌 역시 치유를 위한 올바른 길로 향하게 될 것이다. 이러한 능력은 타고날 필요가 없다. 결국 부모가 아이와의 관계에서 실천하고 배우겠다는 의지에서 아이 뇌의 발달은 시작된다.

0~3세에는 절대적 사랑을 줄 부모가 필요하다

좋은 부모가 되려면 아이를 '관리해야 할 대상'에서 '관계 안에 존재하는 인간'이라고 바꿔 생각해야 한다. 아이를 바꾸려고 하거나 누군가로 만들려 하는 대신, 있는 그대로 존재 자체를 무조건적으로 받아들여야 한다.

육아란 특정한 행동의 문제라기보다는 부모가 아이와 어떤 관계에 있는지에 관한 문제다. 관계가 중요한 까닭은 관계를 맺을 때 부모와 아이의 뇌파가 동기화되고 심박이 함께 둥둥 울리고 감정이 공유되며 뇌가 양육에 필요한 호르몬을 분비하기 때문이다. 즉 뇌가 성장하고 올바르게 발달한다. 양육은 정신 건강에 영향을 미치는 유전자나 세대 간 대물림되는 트라우마의 힘을 줄이거나 무력화시키며 세포가 건강하게 순환하도록 유전자와 후성유전을 변화시킨다.

심리치료사 카테리네 샤플러Katherine Schafler가 쓴 글에 따르면, 우리는 사랑하는 이든 낯선 이든, 일상에서 마주하는 사람을 파악하기 위해 네 가지 질문을 무의식적으로 던진다. 네 개의 질문을 봤을 때 나는 즉시 '바로 이거다!'라는 생각이 들었다. 좋은 부모를 완벽히 설명해주기 때문이다.

그 네 가지 질문은 오프라 윈프리Oprah Winfrey가 소설가 토니 모리슨Toni Morrison, 시인 마야 안젤루Maya Angelou와 나눈 대화에서 영감을 얻었는데, 다음과 같다.

질문 1. 내가 보이나요?
질문 2. 내가 여기에 있는 게 신경 쓰이나요?

질문 3. 지금의 나면 될까요?

　　　아니면 내가 좀 더 나은 아이가 되면 좋겠어요?

질문 4. 내가 엄마에게 특별한 아이라고 생각해도 돼요?

질문들에 대한 대답이 전부 '그렇단다'라는 걸 아이가 알 때, 우리는 아이가 원하는 진짜 부모가 된다. 이를 현실로 만들기 위해 네 개의 질문들을 자주 고민하고, 냉장고에라도 붙여놓고 매일 항상 아이에게 '그렇단다'라고 대답하도록 노력하자.

대답 1. 내가 아이를 진심을 담아 보고 있다는 것을 아이에게 어떻게 알릴 수 있을까? 모든 걸 손에서 놓고, 그 어떤 방해 요인도 없이 마음을 비우고, 아이를 바라보자. 눈과 귀와 당신의 온 존재를 다해 아이를 받아들이자.

대답 2. 아이가 이곳에 존재한다는 사실에 우리가 신경을 쓰고 있다는 것을 아이에게 어떻게 보여줄 수 있을까? 당신의 시야에 아이가 들어오면 활짝 웃자. 당신의 인생에 아이가 있음에서 오는 기쁨을 느끼고 또 표현하자.

대답 3. 지금 그대로도 충분하다는 마음은 어떻게 전달할 수 있을까? 아이의 정서적 상태와 상관없이 이 순간의 아이를 받아들이자. 지금 이곳에 있는 놀라운 존재인 내 아이에게 주의를 집중하자.

대답 4. 아이가 나에게 특별한 존재라는 점은 어떻게 알릴 수 있을까? 내면에 있는 경외감을 불러일으키자. 아이가 당신에게 찾아온 여정, 인생의 기적을 떠올리고, 그 경외감과 함께 아이를 바라보자.

물론 쉽지만은 않을 것이다. 특히 아이가 '더 나아지길' 바라는 때에는 대답하기 힘들 것이다. 아이가 더 행복하면 좋겠는 때가 있을 수도 있고, 음악 수업에서 손뼉을 치거나 음식을 모두 먹거나, 떼를 덜 쓰거나 혼자서 화장실 가는 법을 더 빨리 배우면 좋겠는 때도 있을 것이다. 하지만 육아의 본질을 생각하며 위의 감정들을 해결해나가자.

3세 이전의 아이는 자신이 세상에서 가장 사랑받는 사람이라는 점을 절대적으로 믿을 때 잘 자란다. 아이들은 우리가 한 말이나 행동은 기억하지 못할지언정 우리가 부여한 감정은 기억한다. 영아기에 누군가 나를 지켜봐 주고, 충분히 신경 써주고 특별하게 여겨준다고 느끼면 이후 삶의 모든 순간이 더 나은 쪽으로 변한다.

이를 경험하지 못한다면 삶의 여러 순간에서 만성적으로 고통을 겪을 수 있다. 아이에게는 항상 이 네 가지 질문에 '그렇단다'라고 대답하며 소통할 존재가 필요하다. 낮이든 밤이든, 기쁠 때나 슬플 때나.

옆에 있는 것만으로도 충분한 양육이다

오해 8: 아이와 무언가 활동을 하지 않으면 아무것도 하지 않는 것이다.

→ 아이와 함께 있는 것만으로도 아이와 부모의 뇌가 성장한다.

좋은 부모가 되는 데 어려움을 겪는 원인 중 하나는 우리가 생산성만을 중시하는 육아 환경에서 살고 있기 때문이다. 무언가 성취했다는 느낌을 받으려면 가시적인 성과가 필요하다. 아이가 있는 가정이라면 해야 '하는' 일, 또는 보여야 '하는' 모습의 목록이 길다는 것은 나도 안다. 깨끗하게 집 청소하기, 영양가 있는 유아식 만들기, 어울리는 옷 입히기, 제시간에 어린이집 보내기 등 몇 가지만 꼽아봐도 이 정도다.

그러나 진짜 중요한 건 행동하는 부모를 넘어 존재하는 부모가 되어주어야 한다는 것이다. '행동'은 뇌 속 운동 체계와 인지 체계가 움직이고 사고하도록 활성화시키는 것을 뜻하며, '존재'라 함은 당신 뇌 속의 감각 체계와 감정 체계를 활성화시켜 자각하고 의식을 지닌 채 사는 것을 뜻한다.

아이와 밤낮으로 함께 있으면서 아무것도 '하지' 않았다는 데서 오는 부끄러움이나 좌절감을 느낄 수는 있다. 하지만 실제로 아이와 함께 있을 때 우리는 어마어마한 양의 뇌 발달 작업을 한다. 그저 눈에 보이지 않을 뿐이다.

우리는 아이의 스트레스 체계와 정서뇌에 후성유전과 단백질, 연결을 구축해주는 그 무엇보다 중요한 작업을 하고 있지만, 이 모든 건 아이의 뇌에서 벌어지는 보이지 않는 일이다. 아이와 함께 있는 것 자체만으로도 의미가 있다는 사실을 안다면 가치 있다고 느껴지는 무언가를 해야 하는 건 아닐지 걱정할 필요가 없다.

한번은 아들을 따라 숲에 들어간 적이 있었다. 여느 아이들이 그렇듯 아들은 돌에서 돌로, 나뭇가지에서 나뭇가지로 이리저리 돌아다니면서 20분 동안 겨우 몇 걸음 움직이기만 했다. 나는 너무 답답했다. 빨리 이 길에서 벗어나 내 일을 하러 가야 한다는 강한 압박감을 느꼈다. 내 머리는 내가 처리해야 할 일들의 목록 속으로 빨려들어가고 있었다. 이메일에 회신해야 하고, 수업도 준비해야 하고, 산처럼 쌓인 빨랫감도 머릿속에 떠올랐다.

하지만 이내 나는 아들과 함께 있음으로써 엄청난 일을 하고 있다는 사실을 스스로에게 상기시켰다. 길을 벗어날 필요도 없었고, 다른 일을 하기 위해 다음 단계로 넘어갈 필요도 없었다. 이 길 위에 함께 존재하는 것, 그것이 행동하는 것 자체였다. 우리 집은 더 어지럽고 정신없어질지 모른다. 이메일은 몇 시간 뒤에야 회신할 수 있을지도 모른다. 그러나 아무도 모르겠지만, 내 아이와 함께하는 지금 이 순간에 집중하는 것은 아주 많은 일을 하는 것과 같다.

영유아 정신 건강 부문의 선구자인 샐리 프로빈스Sally Provence 교수는 이렇게 말했다.

"그냥 하지 마세요. 그곳에 서서 주의를 집중하세요. 아이가 당신에게 무언가 말하려 하고 있으니까요."

머릿속에서 "이메일도 써야 하고, 인스타그램에 사진도 올려야 하고, 집도 청소해야 하는데…"라는 목소리가 들린다면 이렇게 대답하자.

"아니야. 여기 앉아서 내 아이와 함께 '존재'하는 것 자체가 무언가를 하고 있는 거야. 같이 조용히 있을 때 무슨 일이 일어나는지, 서로의 존재에 어떻게 반응하는지, 어떤 소통을 하는지 보는 일 자체가 무언가를 하고 있는 거야."

끝없이 사랑을 표현하는 대화법

아이에게 말을 하면 아이의 뇌에 옥시토신이 분비된다. 그뿐만 아니라 아이에게 말을 하는 '방식'은 영아 뇌의 스트레스 체계와 호르몬, 신경전달물질에 상당한 영향을 미친다. 올바른 구두 소통은 아이가 마치 모든 말을 알아듣는 듯 말을 건네는 것을 의미한다. 아이들은 실제로 여러 방식으로 부모의 말을 이해하는데, 특히 우리가 건네는 안정감이나 스트레스, 감정과 관련한 메시지에 관해서는 전부 이해한다. 아이들은 태어날 때부터 그들의 존재를 인정하는 모든 사람을 감지하고 느낀다.

나는 모든 대화에서 아이를 한 명의 온전한 인격체로 참여시키는 걸 좋아한다. 이를 실천하는 한 가지 방법은 아이가 태어나는 날부터 매일 우리가 아이를 얼마나 아끼고 사랑하는지 표현하는 것이다. 나는 아들에게 내 눈을 바라보라고 한 뒤 이렇게 말하는 걸 좋아한다.

"내가 너의 엄마인 건 정말 큰 행운이야."

"너로 인해 내 마음이 너무 행복해."

"너는 정말 놀라운 아이야."

"나는 지금 너의 모습 그대로를 사랑해."

"네가 있으니 이 공간이 환해지는구나."

"넌 정말 착하고 사랑스럽구나."

"엄마를 무척 배려해주는구나."

"네가 슬플 때나, 화가 났을 때나, 행복할 때나 나는 너를 사랑한단다."

"모두가 너와 함께 있고 싶어 한단다."

타인과 대화를 나눌 때 아이를 참여시킬 수도 있다. 이를테면 이런 것이다. "이모에게 네가 태어날 때 이야기를 좀 해줄까? 엄마가 널 처음 안았을 때를 기억하니? 너는 무척 편안한 자세로 안겨 있었고, 그때 난 내 인생에서 최고의 감정을 느꼈단다." "할머니에게 어제 공원 갔던 이야기를 해드릴까? 우리 어제 미끄럼틀도 타고 의자에서 우유도 마시고 재밌었지? 네가 넘어졌을 때는 좀 속상했지만 엄마가 꼭 안아주니 나아졌지?"

아이가 말을 하기 시작하면 대화에 참여시키면서 아이가 어떻게 느끼는지 이렇게 질문할 수도 있다. "어제 울고 있었는데, 왜 울었을까? 기분이 어땠어? 공원에서 나올 때 속상했니?"

또 하나 중요한 건 아이에게 화가 나거나, 좌절하거나, 부정적인 감정을 느낄 때 아이의 이름을 단호하게 부르면서 겁주는 방식으로 부모의 스트레스와 감정을 전달해서는 안 된다. "어젯밤에 넌 구제불능이었어"라는 말을 이해는 못 해도 아이는 당신이 표출하는 감정, '너는 착한 아이가 아니야'라는 감정은 인지한다. 그 순간에 당신 안에서 어떤 감정이 폭발했다면 감정을 아이에게 표출하는 것이 아니라 표현하고 처리하는 법을 배워야 한다. 예를 들면 이렇게 말할 수 있다. "어제 우리 아이가 잘 못 자고 자주 깨서 속상했어."

예컨대 아이가 식탁 밖으로 물건을 던져서 물건이 깨졌다고 하자. 순간 당신의 스트레스 지수가 치솟으며 무척 화가 난다. 이때 당신은 아이를 탓하려고 할 수도 있고("우리 애는 구제 불능이야"), 아니면 당신의 경험을 정의하는 데 집중할 수도 있다("지금 내 감정이 너무 격하네"). 아이가 걱정될 때 아이를 탓할 수도 있고("우리 애는 골칫덩이야"), 우리의 경험 자체를 정의할 수도 있다("우리 애는 다른 애들보다 더 먹어서 걱정이야", "아이가 떼를 써서 걱정이야").

비난하는 말은 소통이 아니다. 나의 감정을 알아차리고 그것에 이름을 붙여주는 것이 진정한 소통이다. 아이에게든 타인에게든, 아이의 이름을 부르며 탓했다고 해도 언제나 바로잡을 수 있다. "너에게 골칫덩이라고 했지만, 그건 사실이 아니란다. 넌 골칫덩어리가 아니야. 너는 아름다운 아이고, 나는 너를 사랑해. 조금 전에는 갑자기 화가 나서 이름을 크게 불렀지만, 나쁜 행동이었고, 다시는 그러지 않을게."

나의 경험에 이름을 붙인다는 건 그것을 스스로 인식하고 자신을 다스릴 기회를 주는 것과 같다. 아이들에게도 이 과정을 가르칠 수 있다. "엄마가 지금 감정이 격해졌는데, 기분이 나아질 수도 있으니까 자리에서 일어나서 털어내 볼게. 이제 숨을 깊게 들이마실게. 와, 기분이 훨씬 나아졌네!"

감정을 전적으로 수용하고 지지하라

오해 9: 마땅한 이유가 있을 때만 아이의 스트레스와 감정에 귀를 기울이는 편이 좋다.

→ 아이의 모든 스트레스와 감정에 대해 그렇게 느껴도 된다는 안정감을 주어야 한다.

좋은 부모가 되려면 신체적으로나 정신적으로 아이에게 안정감의 원천이 되어야 함은 말할 것도 없다. 정서적 안정감이란 아이가 가장 불편한 감정을 포함해 자신의 모든 감정을 표현해도 된다고 느끼는 것을 의미한다. 부모는 아이의 모든 감정을 거부하거나("네 감정을 알고 싶지 않아"), 비난하거나("네겐 문제가 있어"), 무시하거나("난 널 신경 쓰지 않아"), 위협하는("소리 지를 거야") 대신 수용하는 관계를 구축해야 한다.

아이의 감정을 수용하는 일은 여러 이유로 힘들 수 있다. 우리가 아이일 때 부모가 내 감정을 받아들이기를 어려워했다면, 우리 아이의 울음을 들을 때 나의 부모가 당황했던 것과 같은 두려움이 느껴질 수 있다. 반대로 우리가 어릴 적에 떼를 썼을 때 부모가 방문을 쾅 닫아버리거나, 다른 곳에 나를 격리했거나, 불같이 화를 냈다면, 우리도 내 아이의 울음을 듣고 똑같이 반응할 수도 있다.

부모의 역할은 아이의 스트레스가 높든, 중간이든, 낮든 할 수 있는 한 최선을 다해 전적으로 수용하고 지지해주는 것이다. 부모로 인해 놀라지 않고, 부모에게 거부당하지 않고, 스트레스를 느낄 때 두려워하지 않아도 된다는 신뢰감 안에서 말이다. 아이는 그들의 뇌와 신체에서 느끼는 스트레스의 수준과 무관하게 사랑받고, 수용되고, 안전하다는 걸 우리에게서 배워야 한다.

우리가 아이들의 스트레스를 편하게 받아줄 수 있어야 아이가 극도의 불편한 감정을 경험할 때 부모의 존재에서 안정을 찾을 수 있다. 이는 불쾌한 감정과 스트레스, 극렬한 즐거움과 신나는 감정을 익숙하게 받아들이는 법을 반복해서 연습해야 한다는 말이다.

정서적 안정감이라는 건 아이가 부끄러움이나 비판 없이 자신의 모든 감정을 서슴없이 표현할 자유가 있음을 의미한다. 아이가 스트레스를 받았다면, 스트레스를 받은 것이다. 아이가 감정을 '꾸며낸다'고 비난하거나 의심하면 안 된다. 설사 아이가 어떤 의도를 가지고 일부러 울거나 소리를 지르는 것이 확실해 보여도 그 역시 우리에게 안정감을 달라는 메시지를 보내고 있는 것이다.

가령 몸의 어딘가 아프다거나 춥거나 배고파하는 등 쉽게 이해하고 공감할 수 있는 스트레스 원인도 있을 것이다. 그러나 원인을 알 수 없어 공감을 못 할 때도 있다. 종일 안겨 있었지만 더 안겨 있고 싶어 한다거나, 잘라서 준 바나나 조각 대신 바나나 전체를 달라고 고집을 피우기도 한다. 아이들은 골칫덩어리도, 폭군도, 우리를 조종하는 사람도 아니다. 그저 어려움을 겪고 있는 작은 사람들일 뿐이다. 부모는 아이가 커가면서 경험할 정서적 폭풍을 헤쳐나가는 데 도움이 될 유일한 수단이다.

너무 받아준다고 결코 버릇없이 크지 않는다

오해 10: 조부모나 베이비시터, 어린이집에서 아이를 봐주기 때문에 집에서는 오히려 덜 돌봐줘야 한다.

→ 일부러 거리를 둘 필요는 없다. 함께 있을 때 최대한 같이 있는 것이 낫다.

어떤 부모들은 이렇게 묻는다. "아이가 어린이집에 다닌다면 떨어질 때를 대비해서 덜 안아주고 함께 시간도 덜 보내야 할까요?" 당연히 아니다. 어떤 부모들은 어린이집에 보내기 전에 모유 수유를 그만두고 이유식을 시작해야 하는지 묻는다. 할 수 있다면 모유 수유를 계속하는 것이 좋다.

아이를 다른 가족 구성원이나 보모, 탁아시설에 맡길 때 몇 가지를 알아두면 도움이 된다. 첫째, 엄마 또는 주 양육자의 냄새나 집 냄새는 스트레스를 줄이고 아이와 새 양육자 사이의 유대감을 높인다. 아이가 새 양육자를 만날 때 엄마의 향기를 맡는 것은 강력한 힘을 발휘한다. 엄마의 냄새는 엄마가 없을 때도 남아 있는 유일한 부분이다.

양육자가 집으로 올 경우에는 엄마의 냄새가 집 안 곳곳에 있을 테고, 아이가 집 밖으로 나가는 경우에는 아이의 옷을 옆에 두고 자는 등의 방식으로 옷에 엄마의 냄새를 묻히자. 담요나 봉제 인형과 같이 들고 다니는 물건에 냄새를 묻혀도 된다. 아이가 새로운 사람과 관계를 형성하는 첫 2~3주간 실행하면 좋다.

둘째, 아이들은 우리에게서 감정 정보를 얻기 때문에 가능하다면 새 양육자, 아이와 많은 시간을 보내자. 새 양육자와 긍정적이고 안정적인 상호작용을 하는 모습을 보면 이 사람은 안전하다는 걸 아이가 배운다. 새 양육자를 향해 미소를 짓고, 크게 웃고, 상대방을 신뢰한다는 걸 보여주자.

이렇게 몇 차례 만나고 나면 아이는 양육자와 단둘이 있는 걸 편하게 느끼기 시작한다. 엄마가 방을 나가고 난 뒤 아이가 엄마를 찾으면 다가가 달래주자. 그러면 다시 양육자와 놀기 시작할 것이다. 시간이 지나면서 아이는 양육자와 관계를 형성하고 스트레스를 느낄 때 양육자에게 다가간다.

집 밖에서 돌봄이 행해지는 경우 아이가 새 양육자와 관계를 형성하는 동안 탁아시설에 부모가 아이와 함께 머물며 점진적으로 돌봄의 주체를 옮기는 게 이상적이다. 어린이집에 아이를 맡기는 일은 아이와 부모 모두에게 힘든 일이다. 그러나 돌봄의 주체를 천천히 바꾸면 아이들도 탁아시설에 와도 스트레스를 받을 때 찾을 안전한 어른이 있다는 걸 알고 스트레스를 덜 받는다.

일부 탁아시설의 경우 아이가 차분하게 놀 수 있을 때까지 부모가 함께 있을 수 있다. 이렇게 할 수 없는 경우라면 아이에게 인사하고 아이가 안정감을 느낄 때까지 아이를 잘 달래고 안아줄 수 있는지 확인하자.

공감 육아, 아이가 처음 겪는 스트레스 조절 돕기

아이에게는 신체적인 감각과 스트레스, 감정, 욕구, 그리고 생각으로 만들어지는 내적 세계가 있다. 아이들이 하는 모든 행동과 보내는 메시지는 이 내적 세계에서 온다. 당신에게 장난감을 던진다면 짜증을 느끼고 있을 가능성이 있다. 공원을 떠나면서 아이가 떼를 쓴다면 스트레스와 아쉬움을 느끼고 있을 수도 있다. 걷기처럼 새로운 걸 시도할 때는 스트레스와 재미있다는 감정을 함께 느끼고 있을 수도 있다.

공감 육아는 행동 기반 육아를 대체할 수 있는 방식이다. 어떤 행동을 격려하거나 말리려는 목적으로 벌을 주거나 상을 주는 행동 기반 육아보다는 감정과 욕구, 생각, 행동을 탐구하는 법을 가르치는 공감 육아를 해야 한다. 공감 육아는 무얼 해야 하는지에 관한 문제가 아니라, 어떻게 해야 하는지의 문제다. 즉 아이의 안에서 무슨 일이 벌어지고 있는지 관심을 기울이는 자세다.

공감 육아의 최종 목표는 영유아기와 아동기 내내 아이의 뇌가 내적 상태를 스스로 인식하고, 내적 상태를 스스로 조절하고, 타인의 내적 상태에 공감함으로써 스스로의 감정을 통제하는 능력을 기르는 것이다. 궁극적으로는 타인과 자신을 해하지 않도록 스스로의 행동을 통제하는 법을 배우게 하는 것으로 이어진다.

공감 육아는 아이의 행동 이면에 내적 세계가 있으며 이 세계와 상호작용해 행동에 영향을 미치는 스트레스와 감정을 조절할 수 있음을 아이에게 가르친다. 행동으로 이어지는 커다란 감정을 느낄 때 아이는 우리에게 메시지를 보낸다. 공감 육아는 우리가 아이를 바라보고, 듣고, 아이는 안전하며 우리와 연결돼 있다는 사실을 알 수 있도록 아이에게 메시지를 보내는 방식이다.

공감 육아는 아이의 뇌 발달에도 좋다. 아이의 행동과 필요에 따른 신체 감각과 감정을 정리하고 그것에 이름을 붙이도록 아이에게 당신의 사고뇌를 빌려주는 듯한 역할을 할 수 있기 때문이다.

공감 육아는 전문 용어로 '부모 성찰 기능parental reflective functioning'이라고도 불린다. 아이의 감정, 욕구, 생각을 관찰하고 궁금해하는 이 연습은 명상과 비슷하다. 우리의 주의력이 스스로의 감정이나 아이의 행동을 맴돌고 있다면 이것을 "지금 우리 아이의 안에서 무슨 일이 벌어지고 있을까?", "지금 내 안에서는 무슨 일이 벌어지고 있지?"로 다시 가져오는 것이다. 공감 육아는 부모와 아이의 행동, 감정, 욕구 이 세 가지를 연결하여 생각해보는 것이다.

> 행동 - 아이가 무엇을 하고 있는지
>
> 감정 - 아이가 내적으로 무엇을 경험하고 있는지
>
> 욕구 - 아이가 내적 감정을 조절하는 데 무엇을 필요로 할 것 같은지

예를 하나 살펴보자. 한 엄마와 아이가 놀이 학교에 들어간다. 아이는 엄마의 다리를 붙들고 울면서 놓지 않으려 한다. 이때 엄마가 공감 육아를 하지 못하고 아이의 행동에만 주목할 경우, 아이를 다리에서 떼어 다른 아이들 곁에 놓고 "계속 엄마 다리에 붙어 있으면 혼날 거야. 대신 다른 친구들과 놀면 칭찬할 거야"라고 말하면서 아이의 행동을 바꾸려 할 것이다.

이 방식은 엄마가 아이의 생존뇌가 보내는 메시지를 듣지 않고 아이의 스트레스(감정)와 매달리고 우는 것(행동)을 키우게 된다. 지금 아이는 엄마 곁에서 안전함을 느낄 필요가(욕구) 있기 때문이다.

반면 공감 육아로 접근하면 '지금 우리 아기의 내면과 나의 내면에서 무슨 일이 벌어지고 있는 걸까?'를 먼저 생각한다. '지금 우리 아기가 스트레스와 두려움을 느끼고(감정), 나한테 매달리며 우는구나(행동). 내 곁에 가까이 있고 싶어 하는구나(욕구). 우리 아이에게 문제가 있는 건 아닐까 싶어서 나 역시 불안함을 느끼고 있어(감정).

그래서 아이의 행동을 고쳐서 다른 친구들과 놀게 만들고 싶은 거야(행동). 나는 우리 아이가 내 곁에 있고자 하는 욕구를 충족해줄 수 있고, 안전하다고 느끼면 주변을 탐구하기 시작할 거라고 믿어.'

이에 엄마는 아이와 눈높이를 맞추고 바라보며 이렇게 말한다. "엄마에게서 떨어지기 싫구나(행동). 지금 네가 두려움을 느끼는 건(감정) 아닌지, 엄마와 가까이 있고 싶은 건지(욕구) 궁금하구나. 네가 놀아도 안전하다고 느낄 때까지 엄마가 안아줄게. 엄마도 숨을 깊게 들이마시면서 진정하려고 노력할게." 아이는 엄마와 10분을 더 보낸 뒤 놀아도 안전하다는 감정을 느낀다. 스트레스가 가라앉고 욕구가 충족되자 매달리는 행동이 변한다.

반대로 행동 기반의 육아는 아이들의 행동 방식을 고치고, 통제하고, 보상하고, 벌하는 데 주목한다. 예컨대 부모가 '애가 내 말을 안 듣고 버릇없이 행동하니까 장난감을 던지는 거야'라고 생각하며 아이의 행동을 바꾸려 하는 것이다.

이를 공감 육아로 바꾸면, '아이가 장난감을 던졌네(행동). 장난감을 같이 갖고 노는 게 싫어서(감정) 포옹으로 차분함을 느끼고 싶어 하는(욕구) 건 아닐지 모르겠네. 아이의 감정이 가라앉으면 앞으로 타인이나 자신을 해하지 않고 화를 표현하는 법에 관해 말해줘야겠어.'

또한 행동 기반의 육아는 아이의 행동에 목적이 있거나 부모를 조종하려 한다고 생각한다. '일부러 나를 때린 거 같아. 그런 행동을 하면 누구도 가까이 있으려 하지 않는다는 걸 배울 필요가 있겠어.'

그러나 공감 육아로 접근하면 이렇게 전환된다. '아이가 나를 때렸네(행동). 피곤해서(감정) 쉬고 싶은(욕구) 걸까? 아이가 진정하면 때리는 행동이 얼마나 무례한지를, 무례하지 않게 피곤함을 표현하는 방식에 관해 이야기해봐야겠어.'

행동 기반의 접근법이라면 우는 아이를 두고 '나를 조종하려고 울고 있는 거야', '울음을 그치지 않으면 그만 울 때까지 혼자 둘 거야'라고 생각하며 행동을 고치려 한다. 반면 공감 육아는 행동과 내적 상태, 그리고 욕구를 연결하는 방식으로 접근한다. '아이가 울고 있구나(행동). 무서워서(감정) 달래줄 사람이 필요(욕구)한 걸까?'

아이들은 누굴 조종하려거나 힘들게 만들려고 그런 행동을 하는 게 아니다. 경계를 확인하거나 집중해주길 바라는 등 발달 과정에서 마땅히 보이는 욕구들을 비롯해 스트레스나 감정, 욕구를 행동을 통해 표출하는 것이다. 힘든 시간을 보내고 있는 건 아이들이다.

"그만 좀 징징대. 안 그러면 방에 혼자 둔다"라는 말 대신 이렇게 말해보자. "음, 무엇 때문인지는 모르겠지만 지금 속상해하고 있는 것 같구나. 우리 아기가 지금 뭐가 필요한지 엄마가 생각하고 달래주도록 노력해볼게. 배가 고프니? 엄마가 안아주면 좋겠어? 이리저리 뛰어다니면서 몸을 움직이고 싶니?"

'일부러 나를 때린 게 분명해'라는 생각 대신, 아이가 때리려는 행동을 일단 저지한 후 이렇게 말해보자. "그렇게 때리면 엄마가 아파. 형이 네 장난감을 가져가서 화가 났니? 엄마랑 같이 있으면서 화를 가라앉힐 시간이 필요하니?"

아이의 행동을 고쳐야 할 필요가 있다면, 아이의 감정이 해소되고 진정된 후에 방법을 말해주자. 아이들이 배울 때까지 이러한 대화를 여러 차례 나누고 변화를 지지해주어야 한다.

아이와 함께 공감 육아를 연습하면 부모의 뇌 역시 신경가소성을 발휘해 발달된다. 이 연습은 부모 뇌의 편도체와 전전두피질, 해마를 포함하는 스트레스 체계를 재배선한다. 또한 공감에 필수적인 영역인 섬피질도 재배선해여 아이의 내적 감정을 인지하는 능력을 더 강화한다. 여기에 더해 공감 능력이 향상되도록 뇌가 재배선 되어 타인의 감정을 더 잘 이해할 수 있게 된다.

공감 육아 실전 HOW TO

이제 공감 육아를 연습하기 위한 실용적인 과정을 살펴보자. 공감 육아는 직관적으로 할 수도 있지만 신경 써서 연습도 해야 한다. 배우고 연습하는 과정 속에서 자신에게 인내심을 가져주자.

이렇게 하려면 연습을 많이 해야 한다. 내면을 읽어내기에 특히 더 어려운 아이들도 있다. 조급해할 필요는 없다. 서로를 알아갈 수 있는 평생의 시간이 있으니까. 아이들의 감정과 욕구를 정확히 파악하기 어렵다면, 아이가 그것을 알고자 하는 호기심 자체에 주목하자.

1. 아이의 시선에서 보이는 모습을 상상해보자. 아이가 이 상황을 어떤

방식으로 느끼는지에 주목하자. 아이에게는 이것이 어떻게 다가올까? 이 순간을 어떻게 인식하고 있을까? 어떤 감정을 느낄까? 내가 이런 기분이 들었던 때는 언제였지? 이 감정을 이해할 수 있나?

2. 아이들의 행동과 감정, 욕구를 되짚어주며 공감하자. 이것을 '표현 미러링marked mirroring'이라고 한다. 다음의 과정을 거쳐 수행할 수 있다.
   ① 과장된 표정을 보여주며 아이가 느끼고 있을 감정을 보여준다. 행복함, 슬픔, 화남의 감정을 만화처럼 보여준다고 생각하자.
   ② 아이가 느끼고 있을지도 모를 감정이나 욕구에 이름을 붙여주자.
   ③ 아이에게 안심하는 얼굴을 보여주며 당신이 아이를 위해 지금 여기에 있다고 말해주자.

3. 욕구를 충족해주자. 아이를 위해 공감하고, 놀아주고, 주변을 탐색하고, 잠을 자고, 밥을 주는 등 아이의 활동을 함께 해주자.

아래는 위의 과정을 실제 상황에 적용한 사례다.

case 1. 부모가 방을 나가자마자 아이가 울기 시작한다.

1. 아이의 시선에서 보이는 모습을 상상한다. 부모가 떠나는 걸 본다. 방을 나서는 부모의 모습에 슬픔과 두려움을 느낀다. 당장 부모의 곁으로 갈 필요를 느낀다.
2. 아이의 상황을 되짚으며 공감한다. "엄마가 방을 나갔더니 바로 울기

시작했구나(행동)." 그리고 과하게 입술을 비쭉 내밀며 말한다. "너무 슬프고 무서워서(감정) 엄마가 가까이 오면 좋겠구나(욕구)." 그리고 미소와 함께 이렇게 말한다. "엄마는 너를 위해 여기에 있단다."

3. 욕구를 충족해준다. 아이가 진정될 때까지 들어서 안는다.

case 2. 아이가 당신의 눈을 바라보며 미소 짓는다.

1. 아이의 시선에서 보이는 모습을 상상한다. 아이는 지금 차분하고 집중해 있으며, 소통을 시작하려 한다.

2. 아이의 상황을 되짚으며 공감한다. "우리 아가 눈이 예쁘게 반짝이네(행동). 눈에서 장난기가 잔뜩 보이는구나(감정)." 이때 눈을 크게 뜨면서 과장된 미소를 짓는다. "우리 아가가 무슨 말이 하고 싶을까(욕구)?"

3. 욕구를 충족해준다. 아이가 내는 소리와 말, 손으로 가리키는 것, 손뼉 치는 것, 몸짓에 반응한다. 그리고 당신에게 다시 반응할 시간을 준다. 아이와의 소통에 대한 더 자세한 내용은 6장에 정리돼 있다.

case 3. 아이와 함께 공원에 들어서니 다른 아이들이 많이 놀고 있다. 아이는 당신의 다리를 꽉 쥐고 놓지 않는다.

1. 아이의 시선에서 보이는 모습을 상상한다. 아이는 지금 수줍어하고 있다. 안전함을 느끼기 위해 부모에게 꼭 붙어 있으려 한다.

2. 아이의 상황을 되짚으며 공감한다. 자신 없는 행동을 표현하며 "우리 아가는 공원에서 놀 준비가 아직 안 됐지(행동)"라고 말한다. 그리고 미소와 함께 이렇게 말한다. "지금 수줍어서(감정) 엄마한테 붙어 있고 싶

구나(욕구). 엄마는 여기에 있단다. 놀 준비가 되면 너 스스로 알 수 있을 거야."

3. 욕구를 충족해준다. 아이가 공원을 탐색할 준비가 되었다고 느낄 때까지 바닥이나 벤치에 엎드리거나, 혹은 아이를 안아 올려 눈높이를 맞추고 가까이 앉힌다.

case 4. 아이가 기어다니려고 엄마 품에서 뛰어내린다.

1. 아이의 시선에서 보이는 모습을 상상한다. 아이는 지금 차분하고 집중해 있으며, 주변을 탐색하고 싶어 한다.

2. 아이의 상황을 되짚으며 공감한다. 환한 미소와 함께 이렇게 말한다. "엄마 품에서 벗어났구나(행동). 오늘은 무척 신나서(감정) 여기저기 막 기어다니고 싶구나(욕구)."

3. 욕구를 충족해준다. 아이가 탐색할 수 있도록 공간을 제공한다.

case 5. 몇 분이 지나자 아이가 울며 엄마를 찾는다.

1. 아이의 시선에서 보이는 모습을 상상한다. 아이는 지금 스트레스를 받고 있으며 자신을 안심시켜 줄 대상이 필요하다.

2. 아이의 상황을 되짚으며 공감한다. 걱정되는 표정으로 말한다. "우리 아가가 엄마를 찾았어(행동)? 불안하니(감정)? 엄마가 꼭 안아줄게(욕구)." 안심되는 얼굴로 "엄마는 너를 위해 여기에 있단다"라고 말한다.

3. 욕구를 충족해준다. 아이를 안아주며 불안감을 달랜다.

case 6. 아이가 시끄럽게 울며 잠에서 깬다.

1. 아이의 시선에서 보이는 모습을 상상한다. 잠에서 깬 아이는 놀라고 두려워 보인다.

2. 아이의 상황을 되짚으며 공감한다. 눈을 크게 뜨고 말한다. "어휴, 우리 아가가 크게 울었어(행동). 무섭구나(감정)." 그리고 부드러운 표정으로 "엄마가 꼭 안아주면 좋겠구나(욕구)?"라고 말한다.

3. 욕구를 충족해준다. 가슴으로 아이를 꼭 안고 잠들 때까지 어른다.

공감 육아를 연습할 수 있는 또 하나의 방법이 있다. 자신을 대상으로 연습하는 것이다. 당신이 취하는 행동도 기저에 깔린 감정과 욕구에서 나오는 것이다. 스스로를 대상으로 연습하다 보면 더 능숙해지고, 아이들에게도 적용할 수 있다.

예를 들어 당신이 갑자기 소리를 질렀다고 치자. "내가 소리를 지른 건(행동) 스트레스 때문에 감정이 격해졌기 때문이야(감정). "잠시 숨을 고를 시간이 필요해. 좀 움직이면서 나만의 시간을 보내면서 에너지를 보충할 필요가 있겠어(욕구)." 이와 관련해 더 자세한 내용은 9장에서 다루겠다.

어렵더라도 공감 육아가 가장 중요한 이유

만약 어려서 공감 육아를 경험한 적이 없다면 이런 능력을 발달시키는 게 특히 어려울 수 있다. 부모의 보살핌 없이 아이가 스트레스를 해결하는 두 가지 방법이 있는데, 아마 어린 시절 겪어봤을 수도 있다. 첫 번째는 무시하고, 수치심을 주고, 거부하는 방식이다. 아마 당신의 부모에게 이런 말을 들은 적이 많을 것이다. "그만해." "진정해." "그 정도면 됐어." "기운 차려." "네 기분이 나아지면 다시 올 거야." "네가 그러면 널 좋아할 사람은 없어."

이런 말을 들으면 아이는 이렇게 생각한다. '부모님은 내 스트레스를 처리해주지 못하는구나. 내 스트레스 때문에 엄마가 불편하거나 걱정되거나 두려워하네. 내가 스트레스를 느낄 때는 내 곁에 있고 싶어 하지 않아.'

우리 대부분은 영유아기와 아동기, 스트레스를 느낄 때 "쉬이이 잇"이라는 소리와 함께 제지당하거나, 다른 공간에 분리되거나, 호통을 듣거나, 꾸중을 듣거나, 이름을 불리거나, 거부당했다. 연구에 따르면, 이 방식은 아이의 스트레스 곡선을 전혀 낮추지 않는다. 아이가 스트레스를 표현하기에 안전하지 않다고 느껴지면 몸에서 오는 감각에 주의를 기울이기에 안전하지 않다고 여기게 된다. 스트레스를 멈출 수 있도록 도움을 받을 수 없으니, 스트레스를 느끼기에 안전하지 않은 것이다.

이에 생존 메커니즘의 일환으로 신체 감각을 무시하고 스트레스를 억누르고 참거나, 무시하거나, 내 것이 아니라고 분리해 여기거나, 지나치게 고민하거나, 차단하는 방식으로 내면화한다. 그러면 아이는 몸에서 오는 느낌을 무시하고, 스트레스 조절을 위해 타인의 도움을 구하지 않는 법을 익히게 된다. 과도하거나 공격적으로 행동하는 식으로 스트레스를 외면화하는 법을 배울 수도 있다. 스트레스를 느끼는 일은 안전하거나 받아들여지지 않는 일이라는 것을 깨닫는다. 이것이 바로 정신 건강 문제의 근본적인 원인 중 하나다.

부모의 보살핌 없이 스트레스를 해결하는 두 번째 방식은 가스라이팅이다. 아마 들어본 적 있는 용어일 텐데, 어떤 것이 사실이라고 알고 있는 온전한 정신 상태에 의문을 제기하는 것을 뜻한다. 가령 스트레스를 느끼고 있는 아이에게 이렇게 말하는 것이다. "그렇게 반응하지 마. 지금 아무 일도 일어나고 있지 않아. 넌 지금 괜찮아."

우리는 대부분 어려서 가스라이팅을 당했다. 괜찮지 않을 때도, 공포나 분노, 고통을 느끼고 있는 때도 이런 말을 들었다. "넌 괜찮아." 나는 넘어져 울기 시작하는 아이들에게서 이를 자주 목격한다. 양육자는 말한다. "괜찮아. 이제 그만 울어." "털어내면 돼, 피 안 나잖아."

이는 아이에게 자신이 처한 스트레스 또는 고통이 부여되는 경험이 옳은 것이 아니거나, 중요하지 않거나, 실제가 아니라는 메시지를 전달한다. 스트레스를 느끼는 감정과 모든 게 괜찮다는 의미가 연결되도록 만든다. 이 지점에서 사람들은 직관과 몸이 말하는 감정들을 믿지 않기 시작한다.

그 결과 뇌는 높은 스트레스나 고통, 위협에 대한 감지를 '괜찮은 것'으로 해석하도록 연결을 형성하는데, 이는 부정적인 결과로 이어질 수 있다. 위협을 감지하고 스트레스를 느낄 때는 그것을 억누르거나, 분리하거나, 얼어버리거나, 혹은 스스로에게 이런 감정을 느껴도 괜찮다고 말하는 대신 스트레스를 유발하는 요인에서 벗어나기 위해 움직여야 한다.

만약 당신에게 어려서 겪은 아직 해결되지 않은 트라우마가 있거나, 감정이 받아들여진 경험이 없다면 감정 조율 능력을 키우는 일이 특히 더 어렵게 느껴질 수 있다. 그러나 할 수 있다. 다른 가족 구성원이나 친구, 산후 보조 둘라, 보모 등 아이와 쉽게 친해지는 사람을 집에 초대하는 것도 도움이 된다. 무언가를 잘하는 데는 오랜 시간이 걸린다. 그러나 아이를 잘 키우려면 필요한 일이다. 아이와 함께 있는 일이 고통스럽거나 어렵다고 느껴질 경우, '부모-자녀 정신치료parent-infant psychotherapy'라고 알려진 방식을 활용해보는 것도 좋다.

공감 육아는 아이와의 관계를 뒷받침하는 탄탄한 토대이나, 이것을 365일 하루 24시간 내내 하라는 건 아니다. 아이가 다른 데 관심을 쏟거나 자거나 다른 사람과 함께 있을 때는 휴식도 취하고, 다른 일을 해도 된다. 휴대전화를 만지작거리거나 텔레비전을 켜놓고 멍하니 있어도 이는 완전히 정상이며 당연한 일이다. 그러니 완벽하게 하려 하지 말자. 연습을 통해 조금씩 성장해가는 데 집중하자.

Chapter 6

아이가 조용하고 차분할 때 - 아이와 연결감을 형성하는 최적의 육아 타이밍

영아의 뇌는 부모와의 밀착을 통해 자란다. 안고, 입 맞추고, 함께 목욕하고, 마사지를 해주면서 접촉하면 아이와 부모에게서 옥시토신과 도파민이 분비된다. 아이들은 안겨 있을 때 코르티솔 분비가 줄어든다. 자주 접촉할수록 효과적으로 아이를 양육하게 되고, 아이의 스트레스 체계는 더 회복탄력적으로 성장한다.

저는 우리 아기 인생의 첫 12개월 내내 산후 우울증을 겪었어요. 잠이 부족했고, 멍했고, 즐거움이나 유대감을 느끼지 못했죠. 아이가 울 때마다 마치 칠판을 못으로 긁는 느낌이 들었어요. 여러 육아 책을 보며 잘못된 걸 '고치려' 노력했어요.

그러던 어느 날 '아이와 연결감을 형성하는 법'에 관해 박사님이 올린 게시물을 봤어요. 소파에 앉아 휴대전화를 내려놓고 심호흡을 몇 차례 한 뒤 제가 가장 좋아하는 노래를 틀었죠. 제 몸이 음악에 맞춰 움직이는 게 느껴졌어요. 기분이 좋더라고요. 바닥에 앉아 태어난 지 15개월이 된 사랑스러운 제 아이를 바라봤어요. 그리고 일단 기다렸어요. 우리는 서로의 눈을 바라봤어요. 갑자기 딸이 쫑알거리기 시작했어요. 저는 듣고 있었죠. 딸은 아무 말이나 하고 있는 게 아니었어요. 제게 메시지를 보내고 있던 거예요! 우린 잠깐 서로 대화를 주고받았고, 웃어주고 서로 연결되었어요. 지난 1년간 딸과 가장 가까운 순간이었고 또 가장 행복했던 순간이었어요.

매일 연습을 하면서 저는 모든 게 변하는 걸 느꼈어요. 딸은 책장 넘기는 걸 좋아하고, 절 따라 하는 걸 좋아해요. 꼭 껴안는 것도 무척 좋아하죠. 아이는 늘 제게 무언가를 말하고 있었고, 아이가 보내는 알아채기 어려운 신호들을 제가 이해하면 무척 행복해한다는 걸 알 수 있었어요. 지나간 1년을 돌려받을 수 없다는 건 알아요. 하지만 딸과 제 관계는 이제 무척 탄탄해졌어요.

- 로즈 P.

로즈의 이야기를 염두에 두고 다음의 상황을 머릿속에 떠올려 보자. 당신의 옆에서, 태어난 지 며칠 안 된 아이의 기저귀를 가는 중 아이가 당신의 눈을 바라본다. 바닥에서 배밀이를 하느라 한창인 4개월 된 아이가 당신을 올려보며 미소 짓는다. 마주 보고 앉아 있는 아이가 당신의 코를 잡으려 손을 내민다. 아기 의자에 앉아 있는 아이가 마치 한입 먹어도 되냐고 묻는 듯 손에 쥔 숟가락으로 당신을 가리킨다. 이제 막 걷기 시작한 아이가 바닥에서 찾은 걸 당신에게 보여준다. 아이가 걸으며 옹알이하는 소리가 들린다. 18개월 된 아이가 안아달라며 당신에게 팔을 뻗는다. 두 살배기 아이가 "저 좀 보세요!"라고 말한다.

이 모든 순간, 아이들은 연결감을 바라고 있다. 아이가 옹알거리고, 팔을 뻗고, 눈을 맞추고, 단어를 뱉고, 몸으로 말하는 모든 건 당신의 주목과 존재를 구하려는 노력이다. 아이는 배고픔이나 목마름, 졸림, 움직임, 불편함과 같은 신체적 욕구 외에도 감정, 스트레스, 욕구 등이 생길 때면 항상 부모와의 연결감을 필요로 한다.

연결감은 아이의 뇌뿐만 아니라 부모의 뇌도 발달시킨다. 이것이 가능한 이유는 연결감이 사고뇌에서 편도체에 이르는 억제성 신경 연결을 늘려 자기 조절과 빠른 스트레스 회복을 위한 회로에 도움을 주기 때문이다. 연결감과 소통은 아이의 사고뇌에 스트레스 조절을 위한 회로를 자라게 한다. 연결감 형성은 동시에 아이의 옥시토신 체계를 발달시켜 아이의 사회적 상호작용과 공감 능력, 평생 유지되는 대인관계 형성 능력, 그리고 향후 부모가 되었을 때의 육아 능력을 강화한다.

양육을 통한 연결감은 '조용한 각성 상태'에서만 나타난다. 조용한 각성 상태란 당신과 아이 모두 집중하고 주변을 인지하고 있는, 안정적이고 스트레스가 적은 뇌의 상태다(7장에서도 논하겠지만, 아이가 스트레스 상태에 있을 때와는 차이가 있다).

조용한 각성 상태에서 아이들의 눈은 반짝반짝 빛나며, 부모에게 집중한다. 호흡은 안정적이며 신체는 이완돼 있다. 움직임과 자세가 고르며, 잘 통제되고 있으며, 불안해하거나 가라앉아 있지 않다. 이 상태에서 아이들은 눈을 맞추고, 미소를 짓고, 부모에게 소리를 내면서 주목과 연결감을 얻으려 애쓴다.

연결감 형성은 아이와 긍정적인 정서뇌의 상태를 공유하면서 부모와 연결되었다는 경험을 반복적으로 겪게 한다. 타인과의 안전한 정서적 연결감은 평생 아이들이 타인과 정서적으로 연결될 때 안전하다는 느낌을 받도록 하는 뇌 회로를 만든다는 걸 기억하자.

이는 아이가 다른 활동에서 얻을 수 있는 것이 아니다. 부모들은 내게 아이들과 하루 종일 연결돼 있다고 말하곤 한다. "아이와 함께 동물원에 다녀왔어요." "아이와 함께 공원에 다녀왔어요." "함께 음악 수업을 들었어요." "함께 아이를 위한 운동 수업을 들었어요." "아침 내내 요리하는 동안 아이가 제 옆에서 놀았어요." "아들이 진흙을 가지고 노는 동안 계속 옆에 앉아 있었어요."

물론 모두 아이와 부모에게 좋을 수도 있지만, 이렇게만 한다고 해서 반드시 연결감이 형성되는 건 아니다. 연결된 상태에 들어서려면 노력과 연습이 필요하다. 저절로 되는 일이 아니라 의지를 갖고 행동해야 하는 일이다. 음악 수업에서 아이 뒤에 앉아 있을 수는 있겠지만, 이것으로 양육을 통한 연결감이 형성되지는 않는다. 종일 아이에게 말을 걸 수는 있겠지만, 그것이 대화의 일환이 아니라면 역시 양육을 통한 연결감은 형성되지 않는다.

아이의 세계로 들어가야 한다. 아이와 함께 있고, 함께 활동해야 한다. 양육을 통한 연결감을 형성하려면 부모와 아이 모두 눈을 맞추고, 몸이 닿고, 상호작용을 하고, 활동에 참여해야 한다.

대부분의 사람은 서로 눈을 맞추며 반응하는 상황, 몇 분 동안이나 서로 연결돼 있으며 다른 곳을 쳐다보지 않는 상황, 상호 연결된 장시간의 정서적 교환에 익숙지 않다. 연습하기 쉽지 않겠지만, 부모와 아이의 뇌에 무척 유익한 것이다. 모든 양육자는 연결감 형성을 우선시하는 것이 좋다. 중요한 건 양이 아니라 질이다.

베이비 챗 – 건강한 애착 형성에 꼭 필요한 아이와의 대화

오해 11: 아이의 뇌 발달에 도움이 되는 제품을 사야 한다.

→ 부모의 존재 자체가 아이의 뇌 발달에 가장 중요하다.

연결감과 관계의 중심에는 연구자들이 '서브와 리턴serve and return*'이라고 부르는 과정이 있다. 나는 이를 '베이비 챗baby chat', 즉 아이와의 대화라고 부른다. 대화는 부모와 아이가 정돈되고 각성된 상태에서 서로를 바라보며 시작된다. 먼저 아이에게 시간을 주고, 아이가 눈을 맞추거나 미소를 짓거나 소리를 내거나 몸짓을 하거나 신체를 접촉하는 등으로 먼저 '서브'할 때까지 지켜본다.

그리고 부모도 눈을 맞추거나 미소 짓거나 소리를 내거나 몸짓을 하거나 신체를 접촉하는 등 동일한 방식으로 응답하면서 '리턴' 한다. 아이가 '꺄악' 하며 소리를 지를 수도 있다. 그러면 이렇게 말해주자. "목소리가 정말 예쁘네. 지금 기분이 좋구나! 엄마는 여기에 있단다. 우리 같이 이야기해보자." 아이가 다시 옹알거린다. 이렇게 차례대로 계속해서 말을 주고받자.

이러한 대화는 아이가 꽤 힘을 들여야 하는 일이며 휴식도 필요하다. 아이가 잠시 다른 곳을 쳐다볼 수도 있다. 뇌가 너무 많은 정

---

* 테니스에서 한쪽이 공을 서브하고 상대방이 리턴, 즉 받아치는 것에 빗대어 쓰는 용어로, 아이와 부모가 대화를 주고받는 소통 방식을 일컫는다.

보를 처리하고 있기 때문에 아이가 잠시 쉬도록 기다려주자. 다시 대화로 돌아와 이어가려는 아이의 의지를 눈치채는 것이 중요하다. 그럴 기분이 아닌데도 무리하게 주의를 집중시키려 하지는 말자.

진정한 연결감의 형성은 이렇듯 주고받는 상호작용에서 온다. 아이와 함께 베이비 챗을 연습할 때 놀라운 일이 벌어지는데, 바로 부모와 아이의 뇌파가 동기화되는 것이다. 이를 '생물행동적 동시성 biobehavioral synchrony'이라 부른다. 특히 상호작용 중에는 동기화된 세타파theta wave가 부모와 아이의 우뇌에서 측정된다. 스트레스 체계에 속하는 편도체와 시상하부, 해마 그리고 사고뇌의 안와전두피질이 포함된 우뇌는 스트레스와 감정, 사회적 신호를 처리할 때 매우 활발하게 활동한다.

세타파는 양육을 통해 연결된 상태에서 아이의 뇌가 학습과 스트레스 조절을 위한 방향으로 배선되고 있음을 나타낸다. 이 동시성은 육아에 필수적인 요소이며, 아이들의 평생 건강을 뒷받침하는 스트레스 조절 능력을 쌓기 위한 토대가 된다. 엄마의 뇌파와 아이의 뇌파가 동기화될 때는 거의 하나의 뇌가 작동하고 있는 것과 같다.

아이의 주도 아래 놀이를 통해 양육을 통한 연결감을 형성할 수도 있다. 놀이는 영아들이 감정을 표현하고 학습하는 하나의 방식이다. 먹이고 재울 때와 마찬가지로, 아이가 보내는 신호를 따라 놀면서 '서브와 리턴'을 할 수 있다.

먼저 아이가 어떤 방식으로 놀아달라고 하는지 관찰해보자. 장

서가명강

서울대 가지 않아도 들을 수 있는 명강의

* 서가명강 시리즈는 계속 출간됩니다.

불안의 끝에서 쇼펜하우어, 절망의 끝에서 니체

강용수 지음 | 22,000원

철학 교양서 최장기 1위, '쇼펜하우어 신드롬'의 주역
45만 독자가 선택한 강용수 박사의 철학 수업 완전판

니체 전문가이기도 한 강용수가 이번엔 쇼펜하우어와 니체의 주
요 사상을 빌려 한층 완성된 지혜로 삶의 의지와 용기를 탐색해
간다. 후회, 관계, 인생, 자기다움 총 4가지 주제로 인생의 다양한
고민과 질문에 쇼펜하우어와 니체의 철학적 혜안을 선사한다.

선악의 기원

폴 블룸 지음 | 최재천·김수진 옮김 | 값 22,000원

세계적인 심리학자 폴 블룸, 아기에게 선악을 묻다!
"도덕감각은 타고나는 것일까, 만들어지는 것일까?"

폴 블룸은 아기의 마음을 통해 인간 도덕성의 기원을 탐구한다.
철학, 심리학, 뇌과학 등 다양한 학문을 넘나들며 선악의 본질
을 파헤치고, 더 나은 인간이 되는 길을 제시한다. 명쾌한 분석
으로 가득한 이 책은 인간 도덕성의 뿌리와 진화 과정을 탐구하
며, 우리·자신과 타인을 이해하는 새로운 눈을 갖게 한다.

허무감에 압도될 때, 지혜문학

김학철 지음 | 값 18,800원

무의미한 고통에 맞서는 3000년의 성서 수업

삶을 이야기하는 신학자 김학철 교수가 4대 성서 고전을 통해 '삶
이란 무엇인가'라는 본질적 물음을 성찰한 힐링교양서이다. 무의
미한 고통에 맞서는 법, 덧없는 삶을 즐기는 법, 먼 곳에서 내 삶
을 바라보는 자세까지, 고통을 이겨내고 삶의 의미를 되찾는 심오
한 지혜를 얻어갈 수 있을 것이다.

행복의 기원

서은국 지음 | 값 22,000원

인간은 행복하기 위해 사는 게 아니라,
살기 위해 행복을 느낀다

"이 시대 최고의 행복 심리학자가 다윈을 만났다!" 심리학 분야
의 문제적 베스트셀러 『행복의 기원』 출간 10주년 기념 개정판.
뇌 속에 설계된 행복의 진실. 진화생물학으로 추적하는 인간 행
복의 기원.

난감을 들어 올리는지, 책을 가리키는지, 엄마의 손에 무언가를 올려놓는지, 아이가 어떤 식으로 '서브'하는지 파악한다. 그리고 장난감에 관해 이야기를 하거나, 책을 읽어주거나, 손에 올라온 장난감을 움직이는 등의 방식으로 '리턴'한다. 아이가 다시 어떻게 서브하는지 지켜보고, 다시 리턴한다. 모든 연결감 형성 과정에서는 아이가 느끼고 생각하고 있을 것을 궁금해하는 것이 도움이 된다.

당연히 아이가 보내는 신호를 늘 정확하게 읽어낼 수는 없다. 베이비 챗과 놀이에서 부모와 아이는 '동기화', '결렬', '회복'의 패턴을 따른다. 동기화 단계에서 부모와 아이는 서로 연결되어 뇌파가 일치하는 상태에 있다. 결렬 단계에서는 뇌파가 '부조화'되고 서로 다른 뇌의 상태에 접어든다.

걱정할 필요는 전혀 없다. 좋은 현상이기 때문이다. 부조화는 아이가 보내는 신호와 메시지를 깨닫도록 돕는다. 회복 단계에서는 다음 신호를 포착하고 다시 동기화 상태로 접어들며 결렬 내지는 부조화 상태를 되돌릴 기회를 얻는다.

무릎 위에 아이를 올려놓고 얼굴을 마주 보고 있는 아빠의 모습을 상상해보자. 둘은 서로를 바라보며 미소 짓고 있다. 둘의 뇌는 동기화된다. 아이는 놀란 얼굴을 하고, 아빠는 그 표정을 따라 하며 노래하듯이 말한다. "어라, 우리 아가가 놀란 것 같네. 무슨 일일까?" 아이가 웃고는 다른 곳으로 시선을 돌린다. 잠시 휴식이 필요하다는 신호다.

아빠는 이 신호를 알아차리지 못하고 아이와 다시 눈을 맞추려

한다. 아이가 굳이 다른 곳을 바라보고 있는데도 말이다. 이 구간이 결렬, 부조화 상태다. 둘의 뇌 동기화가 깨지고, 아이는 '제가 다른 데 보고 있잖아요. 지금 쉬어야 한단 말이에요'라는 메시지를 보내며 큰 소리를 지른다. 아빠는 부조화 상태를 눈치채고 딸에게 잠시 시간을 준다. 아이가 다시 눈을 크게 뜨며 아빠를 바라보고 준비가 되었음을 알린다. 아빠도 딸을 지긋이 바라본다. 회복의 순간이 찾아오고, 뇌파는 다시 동기화된다.

얼굴을 마주 보고 하는 상호작용에서 아이와 부모는 전체의 3분의 1가량에 해당하는 시간 동안 동기화 단계에 머무른다. 나머지 시간 동안에는 다소 또는 완전한 부조화를 겪는다. 상호작용을 할 때 잠시 부조화를 겪다가 이내 조화 상태로 돌아간다. 이것이 영아 뇌와 부모의 뇌 모두에 소통이 중요한 까닭이다. 아이와 상호작용을 하면서 아이가 무슨 메시지를 보내는지 도무지 모르겠는 등의 부조화를 느낄 때, 편히 앉아 기다리면서 아이가 다음에 무엇을 하는지 살피자. 아이와 다시 연결이 될 것인데, 그것이 회복이다.

동기화, 결렬, 회복 단계는 영아의 뇌를 발달시키는 과정의 일부다. 목표는 아이와 그 순간을 함께 보내며 동기화를 촉진하는 방향으로 상호작용하는 것이다. 아이와 연결감을 형성하면 부모와 아이에게서 옥시토신이 분비된다. 옥시토신 수치가 높으면 동기화가 더 많이 일어나고, 긍정적인 순환을 만든다.

아이들에게 필요한 건 멋진 장난감이나 게임, 수업이 아니다. 아이와 얼굴을 마주하고 앉아 짧은 대화를 나누는 것과 육아 수업을 듣는 것 중에 선택해야 한다면, 베이비 챗을 선택하자. 부모가 출근해야 하는 환경이라면 출근 전후, 그리고 쉬는 날 아이와 대화하는 시간을 갖자.

냄새부터 촉감까지, 아이의 감각을 일깨우는 교감법 A TO Z

오해 12: 아이가 잘 자라려면 많은 수업에 참여하고 사회 활동을 하게 해야 한다.

→ 아이에게 필요한 건 부모의 몸으로부터 느끼는 감각 경험이다.

영아는 감각을 통해 세상과 연결하고 소통한다. 이는 성인도 마찬가지다. 그렇기에 맛있는 음식을 먹고, 좋은 소리를 듣는 것이 우리에게 치유와 조절의 경험으로 다가오는 것이다. 성인에게도 감각이 중요한 것처럼, 아이에게는 감각 입력이 가장 중요하다.

영아는 다양한 감각을 주는 자극을 좋아한다. 어떤 조합으로든 감각 입력은 안전함의 신호다. 다음에서 설명하는 모든 자극이 꼭 필요한 건 아니다. 이 중 하나 혹은 여러 가지를 활용할 수 없다 해도 당신만이 지닌 고유한 능력이 있다면 아이에게 충분하다. 그것은 바로 부모라는 능력이다. 부모의 얼굴, 목소리, 냄새, 손길, 몸의 움직임부터 심장박동과 호흡하는 리듬, 걷고 말하는 방식까지 말이다.

아이가 당신과 함께 있을 때, 당신의 근처에 있을 때, 그리고 배속에 있을 때 아이의 세상은 온통 색감과 경이로 가득하다. 안전하다고 느끼고, 양육에 도움이 되는 호르몬을 분비하고, 안정적 상태를 자극하는 감각 입력의 파도를 맞는다. 이것이 창의성, 놀이, 탐구로 이어진다.

혼자서 그네에 앉아 있거나 이불로 둘러싸여 아기 침대에만 누워 있는 상황은 아이에게는 감각의 공백 속에 있는 것과 같다. 진정으로 아이와 연결돼 있는지 확인하는 가장 좋은 방법은 감각을 통해 아이의 세계로 들어가는 것이다. 이와 같은 감각 입력은 부모의 뇌도 자극하고 발달시킨다. 이제 영아의 감각 입력을 도와주는 방법을 구체적으로 알아보자.

냄새로 교감하기

특히 6~12개월 사이, 영아기 내내 가능하면 아이가 부모의 진정한 냄새를 맡는 것이 아주 큰 도움이 된다. 부모의 체취는 아이의 뇌에 상상 이상으로 중요한 안전 신호로 작용한다. 맡는 즉시 옥시토신을 대량 분비하고 스트레스를 완화한다.

자궁 안에 있을 때 영아는 엄마 또는 자신을 품은 사람의 냄새가 안전과 성장의 신호라는 사실을 배운다. 출산 뒤 아이가 맡을 수 있도록 엄마 또는 산부의 체취는 더 강해진다. 엄마나 산부의 체취는 영아기를 거쳐 성인이 될 때까지 계속해서 강력한 안전 신호로

작용한다. 동물 실험에서 어미에게서 나는 냄새는 다 자란 이후에
도 불안과 우울로부터 보호하는 뇌 회로를 활성화하는 것으로 나
타났다.

직접 출산하지 않은 아버지나 다른 양육자의 냄새도 아기는 경
험을 통해 안전함을 뜻한다는 사실을 배운다. 출산 후 또는 영아기
내내 아버지나 다른 양육자가 살을 맞대고 아기를 안으며 시간을
보내면 아기들은 이 새로운 사람의 냄새가 안전함의 신호라는 사실
을 학습한다.

부모의 경우도 마찬가지다. 부모가 아이의 냄새, 특히 머리에서
나는 냄새를 맡으면 뇌에서 안전 신호를 감지하고 옥시토신과 도파
민이 분비되어 부모의 뇌가 발달한다. 출산 이후에 부모와 아이가
피부를 맞대는 것이 이로운 까닭 중 하나다.

포대기나 모자, 장갑, 아기 침대 등 부모의 냄새를 맡기 힘들도록
아이를 감싸거나 차단하는 모든 수단은 사용하지 않거나 제한적으
로 사용하자. 피부를 맞댄 접촉과 살이 닿는 아기 띠, 그 외 다양한
안는 방법을 활용하자.

아이에게 안전 신호를 보내는 건 부모의 자연스러운 체취 또는
화학 신호다. 다른 어떤 것도 아닌 부모에게서 나는 것이어야 한다.
따라서 샴푸, 비누, 화장품, 세탁 세제, 향수, 방향제 등 인공적인 향
도 다시 고려해야 한다.

인공적인 향은 부모의 냄새를 맡는 아이의 능력을 바꾸거나 저
해시킨다. 무향 미용제품을 사용하고, 향수나 인공적인 향을 내는

제품을 사용하지 않는 편이 가장 좋다. 인공 향료와 대기오염은 부모의 뇌와 발달 중인 영아의 뇌에 유해할 수 있다. 인공 향료는 스트레스 체계, 특히 해마와 정서뇌에 영향을 미치며, 우울과 불안 증상으로 이어질 수 있다. 개인용품이나 집 전체에서 인공적으로 나는 향을 없애면 가구 내 모든 이의 뇌가 건강해진다.

아이에게 언제 밥을 줘야할까?

오해 13: 밥은 정해진 시간에 줘야 한다.
→ 아이가 생리학적 신호를 느껴 배고픔을 표현할 때 밥을 주면 된다.

가슴으로 직접 수유하든, 관이나 컵, 병을 통해 먹이든 아이가 먹는 모든 순간은 미각을 통해 아이와 연결감을 형성할 기회다. 더욱이 부모나 양육자의 피부에 닿은 채로 양육자를 느끼며 먹을 때 아이는 미각부터 촉각, 양육자의 냄새, 눈 맞춤, 팔에 안겨 느끼는 부드러운 움직임까지 뇌의 회복탄력성을 길러주는 모든 감각을 느낀다.

그렇다면 아이에게 언제 먹여야 할까? 아이가 배고프다는 신호를 보낼 때 먹이는 게 가장 좋다. 정말 배가 고파야 몸도 배고픔을 느끼는 것이다. 그 감각을 아는 유일한 사람은 아이 자신뿐이다. 아이가 보내는 신호를 배우는 것은 아이를 알아가는 좋은 방법이다.

| 표 1 | **일반적인 영아의 배고픔 신호**

초기	• 입맛을 다시거나 입술을 핥는다. • 입을 벌리고 닫는다. • 입술이나 혀, 손, 손가락, 발가락, 장난감, 옷 등을 빤다.
배고플 때	• 안고 있는 사람의 가슴에 몸을 기댄다. • 기대거나 옷을 잡아당기는 등 수유 자세를 취하려 한다. • 꼼지락거리거나 많이 뒤척인다. • 안고 있는 사람의 팔이나 가슴을 계속해서 때린다. • 부산하게 법석거리거나 숨을 빨리 쉰다.
때를 놓친 뒤 (젖을 먹기 전에는 얌전하던 아이)	• 머리를 정신없이 좌우로 움직인다. • 운다.

나는 아이의 뺨을 부드럽게 쓰다듬으면서 아이가 배고파하는지 알아보곤 한다. 뺨을 만지자 입을 벌리며 내 쪽으로 고개를 돌리면 배고플 확률이 높다. 〈표 1〉은 일반적인 배고픔 신호의 단계다. 시간이 지나면 아이만의 독특한 초기 신호를 알게 될 것이다. 시간이 조금 걸릴 수는 있지만, 결국은 아이가 배고픈 때를 알게 될 것이다.

모유 수유에는 단점이 없다

오해 14: 36개월이 지나도 모유 수유를 계속 하면 버릇없이 키우는 원인이 될 수 있다.

→ 36개월이 지나도 모유 수유를 해도 된다. 애착 형성으로 인해 오히려 아이의 뇌가 발달한다.

수유에 중요한 포인트 중 하나는 아이의 속도에 맞춰 먹이는 것이다. 이를 통해 아이가 세상에 끌려가는 것이 아니라 세상을 주도한다는 것을 알려줄 수 있다. 젖병을 사용하는 경우에는 아이가 보내는 신호를 읽고 아이가 적극적으로 젖을 먹고 쉴 수 있도록 속도를 맞추는 법을 배우자. 가슴에 올려놓고 젖을 먹이는 경우, 아이가 젖을 먹는 동안 신호를 읽으며 잠시 다른 곳을 보거나 당신을 바라볼 수 있도록 시간을 주고, 준비가 되면 다시 젖을 먹이자.

연결감이 형성되면 젖을 먹이는 동안 부모 스스로를 진정시키는데도 도움이 된다. 이제 막 걷기 시작하는 아이가 계속해서 당신을 타고 기어 올라오거나, 아니면 급성장하는 4개월 된 아이를 쉴 없이 돌봐야 하는 상황이라면, 밥을 먹이는 일은 여러모로 힘든 감정을 불러일으키거나 스트레스를 유발할 수 있다.

스스로를 돌보자. 자신에게 안전 신호를 보내며 옥시토신이 분비되도록 하자. 깊게 복식호흡을 하며 어깨와 턱, 골반의 긴장을 풀자. 잠시 멈춰 아이의 모습을 즐겁게 바라보자. 아이와 자신에게 따뜻한 말을 해주자.

물론 밥을 주면서 휴대전화나 TV를 보거나 타인과 대화하게 되는 경우도 생길 것이다. 그때는 그래도 괜찮다. 다만 아이를 먹일 때 손도 잡아주고, 안아도 주고, 뽀뽀도 해주고 말을 걸면서 아이와 연결되기도 해보자. 최선을 다하려는 의지만 있으면 된다. 당신이 최선을 다하면 획기적인 변화가 따른다.

모유 수유를 한다면, 당신과 아이에게 잘 맞는 한 오래 유지하라고 하고 싶다. 영아기 3년 내내 하는 모유 수유는 올바른 양육에 큰 도움을 줄 수 있는 놀라운 기회이기 때문이다. 아이의 스트레스 체계와 면역 체계를 계속해서 발달시켜준다.

더욱이 젖을 줄 때마다 엄마에게도 옥시토신이 분비된다. 안락함과 영양, 발달, 건강, 그리고 친밀감을 제공한다. 안락함은 있어도 그만이나 없어도 그만인 것이 아니다. 아이를 버릇없게 키우는 원인도 아니다. 안락함은 아이의 뇌 발달에 필수적이다. 영아기와 그 이후의 모유 수유에는 단점이 하나도 없다.

아이가 자라 고형식을 먹을 수 있게 되면 이유식 먹는 시간을 아이와 연결감을 형성하는 시간으로 만들자. 식탁에서 최대한 자신을 다스리면서 아이가 먹는 법을 배우는 동안 긍정적인 사회적 경험을 형성하도록 하자. 아이와 함께 앉아 이야기하고 컵을 들고 '짠'을 해주자. 식사 시간을 연결감 형성의 기회로 활용하면 먹는 활동과 안전감, 연결 사이에 연관성을 만들 수 있다.

시각과 청각으로 교감하기

아이에게 부모의 목소리와 얼굴은 중요한 안전 신호다. 배 속에 있을 때 아이는 어머니와 아버지의 목소리를, 자주 들리는 그 외 인물들의 목소리를 알게 된다.

목소리 톤이나 운율은 타인에게 안전이나 위험을 알리는 신호다. 평온할 때 우리는 노래하는 듯한 목소리 톤을 낸다. 이 톤은 아이에게 지금 우리는 안전하고 편안한 상태에 있으며, 안전함을 느껴도 되니 옥시토신을 분비하라는 신호를 보낸다. 목소리가 단조롭고 밋

임신 중에 아이와 교감하기

아이는 배 속에서부터 엄마의 냄새를 안전 신호로 배운다. 부모의 목소리에서 오는 편안함, 익숙한 소리를 좋아하게 된다. 임신 중 아이와 감각으로 연결될 수 있는 몇 가지 훌륭한 방법을 소개한다.

1. 목소리와 음악

목소리와 음악을 통한 유대감은 아이가 자궁 안에 있는 초기에 시작된다. 임신 18주에서 25주 사이에 아이는 당신의 목소리를 들을 수 있게 되며, 들리는 말에서 말투, 감정, 단어를 배우기 시작한다. 청각은 배 속의 아이와 관계를 시작할 수 있는 아주 훌륭한 방법이다. 이를 활용하는 방법을 몇 가지 소개한다.

① 매일 아이에게 말을 걸자. 아이에게 어떤 감정을 느끼는지, 어떻게 지내고 있는지 말해주자. "안녕, 아가야. 너를 만날 생각에 정말 신나는구나. 너를 정말 사랑해. 어서 너를 품에 안고 뽀뽀해주고 싶다. 오늘 엄마는 조금 피곤해. 너를 잘 자라게 하기 위해 엄마의 몸이 열심히 일을 하고 있단다. 네가 발차기하는 게 느껴져. 네가 발차기를 할 때마다 엄마는 무척 즐겁단다."

② 배우자가 매일 말을 하거나, 책을 읽어주거나 해 아이가 목소리에 점차 익숙해지도록 하자.

③ 배 속에 있는 아이에게 쉬운 유아 서적을 읽어주자. 태어나면 그 책을 알아보고 관심을 가질 것이다.

④ 자장가를 불러주자. 태어나고 나서 울 때 익숙한 음악을 들으면 진정에 도움이 되고 안전함을 느낄 것이다. 자장가는 단순한 것으로 불러주자. 부모

가 불러주는 노래는 녹음된 음악보다 아이를 진정시키는 데 더 효과적이다. 노래를 잘 못 불러도 괜찮다. 아이는 무조건 당신의 목소리를 사랑한다.

⑤ 매일 호흡 연습을 하면서 마음을 편하게 해주는 노래를 똑같이 틀어주자. 아이가 이 노래와 안정적 상태를 연관 지어 생각하게 될 것이다. 아이가 태어난 뒤에는 같은 곡을 낮잠이나 밤잠 시간 혹은 아이가 스트레스를 받는 때에 활용하자. 이 방법은 임신 중 호흡하거나 이완하거나 명상할 때 엄마와 아이를 안정적 상태에 머무르게 하며, 아이도 여기에서 도움을 얻는다.

2. 아이와의 촉감 관계를 발달시키자

임신 21주부터 아이는 배를 통한 접촉에 반응하며 응답하기 시작한다. 접촉을 통해 아이와 상호작용하고 놀기 시작할 수 있다. 상호작용하는 방법은 다음과 같다.

① 말을 하면서 배를 통해 아이를 만져보자. 그러면 아이가 손을 뻗어 반응할 것이다. 부모에게는 느껴지지 않는다 하더라도 초음파 검사를 하면 아이가 손을 뻗어 안에서 만지는 것을 볼 수 있다.

② 아이가 발을 찰 때 반응해주자. 아이가 발로 차면 비슷한 패턴으로 배를 눌러주자. 아이와 놀아주고 소통하는 굉장히 멋진 방식이다.

3. 맛을 공유하자

배 속에 있을 때 접해본 맛이 태어난 뒤 맛에 대한 취향을 만든다. 할 수 있다면 임신 중에 최대한 다양한 음식을 맛보자. 좋아하는 음식을 마음껏 즐기자. 이는 아이의 뇌에 어떤 맛이 안전한 것이라는 신호를 주고, 음식을 먹기 시작하면 이 음식들을 먹어보려 할 가능성이 높다.

밋하거나 톤이 높거나 시끄럽고 소리 지르는 듯한 톤을 띠면 아이는 우리가 위협을 느끼고 있다는 신호를 받고, 아이의 편도체에 위협을 감지하고 스트레스 반응을 개시하라는 신호가 전달된다.

아이는 당신의 목소리를 좋아한다. 당연히 노래하는 당신의 목소리도 좋아한다. 아무리 음정이 맞지 않아도 아이는 녹음된 음악보다 당신의 노래를 훨씬 더 좋아한다. 그러니 안정된 상태에 있을 때 아이에게 말을 걸고 노래를 불러주면 아이의 뇌에서는 옥시토신이 분비된다.

노래를 불러주는 것은 아이가 안정적 상태에 머무르거나 돌아오도록 하는 데 유용하다. 차를 타고 있거나 다른 방에 있는 등 아이가 스트레스를 느끼고 있으나 닿지 않는 곳에 있을 때 목소리를 활용하자. "우리 아가가 울고 있구나. 엄마는 여기에 있단다. 금방 갈게." 그리고 아이에게 다가갈 때까지 노래를 불러주자.

소리와 더불어 반응하는 부모의 얼굴 역시 아이에게 시각적인 안전 신호로 작용한다. 아이가 대화를 시작하려 하는데 부모나 양육자가 반응을 보이지 않으면 아이는 놀라울 정도의 스트레스를 받는다. '무표정' 실험 결과는 이러한 무반응이 얼마나 해로운지 보여준다. 소통하려는 시도에 부모가 아무런 표정을 보이지 않으면 아이는 시간이 지남에 따라 더 큰 스트레스를 받고, 결국 소리를 지르고, 손을 뻗고, 울고, 등을 굽힌다. 크게 스트레스를 받고 있음을 보여주는 행동들이다.

부모가 다시 소통을 재개하면 아이들의 스트레스는 줄어든다.

아이는 대화를 하려 하지만 부모가 이에 참여하지 못하는 때가 많을 것이다. 이럴 때는 아이에게 이렇게 말해주자. "우리 아가가 엄마를 보면서 대화를 하고 싶어 하네! 엄마가 지금 하고 있는 거 끝내고 얼른 갈게."

아이가 당신의 목소리를 듣고 얼굴을 보면 당신과 아이에게서 옥시토신과 도파민, 엔도르핀이 분비되어 부모와 아이의 뇌가 발달하는 데 도움이 된다. 또한 아이의 감정을 감지하고, 아이의 메시지를 이해하고, 여기에 공감하고, 좋은 기분을 느끼도록 부모의 뇌도 발달한다.

아이와 충분히 접촉하기

오해 15: 아기를 안고 있는 건 아무 일도 안 하는 것과 같다.
→ 아기를 안고 있는 행위 자체가 뇌를 발달시킨다.

뇌과학 연구의 직접적인 교훈은 아이를 가까이에 두고 많이 접촉해야 한다는 것이다. 동물 실험을 살펴보면, 어미가 가장 많이 핥고, 그루밍grooming*해주고, 젖을 먹이고, 껴안아준 새끼들은 스트레스를 담당하는 모든 뇌 영역에서 회복탄력성이 가장 크게 증가했다. 인간 대상 연구에서도 부모와 가장 많이 밀착해 있던 아이들에

---

* 동물이 혀나 손, 발을 이용해 털을 깨끗하게 다듬고 관리하는 행위

게서 같은 결과가 발견되었다. 이 아이들에게는 평생의 건강과 행복으로 이어지는 스트레스 체계와 감정 체계가 발달한다. 접촉과 더불어 아이를 안고 걷거나 노래하고 가볍게 춤추는 등의 움직임도 함께 하면 영아의 뇌에 진정 회로가 생성된다.

"너무 안아주면 애 버릇 나빠진다"는 속담은 잊자. 최선을 다해 머릿속에서 지우자! 원하는 만큼 충분히 아이를 안아주자. '너무 많이 안아준다'는 건 없다. 어떤 부모들에게 이는 강력한 메시지다. 원하는 만큼 아이를 안아줘도 된다. 무제한의 애정과 애정 어린 손길을 결단코 참지 말라. 아이는 자기가 원하는 만큼 엄마가 안아주기를 바라며, 당신도 그렇게 하는 동안 기분이 좋기를 바란다.

태어날 때부터 기어 다닐 때까지 꼭 붙어 있는 밀착 단계에 있을 때, 아이는 대부분의 시간을 안아주어야 하며 이것이 도움이 된다. 어떤 아이들은 거의 모든 시간 내내 안아주어야 한다.

부모의 팔에서 벗어나 좀 더 오랜 시간을 보낼 수 있는 아이들도 있기는 하지만, 스펙트럼의 어느 부분에 있든 모든 아이는 밀착 단계와 그 이후에도 이어지는 애정 어린 손길에서 큰 도움을 받는다.

여기에서 말하는 '이상적인 안기'는 그저 한 명의 부모나 양육자 또는 부모 둘이 안는다고 되는 게 아니다. 아이들의 뇌가 원하는 접촉과 보살핌의 양은 24시간 내내 이어져야 하는 일이며, 이는 한 명 내지는 두 명이 하기에는 버거운 일이다. 두 부모, 그리고 사랑하는 이들이 모두 아이를 안아줘야 한다.

몇 시간이고, 며칠이고, 몇 주고 아이를 안고 있는 행위는 아이의 스트레스 체계를 형성하고 부모의 뇌를 민감하게 만든다. 일단 이 단계가 지나고 나면 아이는 주변을 탐색하느라 바빠지리라는 걸 기억하자.

부모와 양육자들이 '접촉 탈진'을 느끼는 것도 흔한 일이다. 계속해서 접촉해 있어야 하는 상황에 지쳐 나가떨어지는 것이다. 아이를 안을 때 가장 큰 도움을 받을 수 있는 방법은 아기 띠를 통해 아이를 부모 몸에 접촉해 안는 '베이비 웨어링'이다. 베이비 웨어링은 영아기 내내 유용한 방식이다.

아기 띠는 안전하게만 안을 수 있으면 어떤 종류든 상관이 없으며, 아기 띠를 이용해 안으면 아이가 필요로 하는 접촉을 제공하고 부모의 뇌를 발달시키는 동시에 부모는 걷거나 몸을 펴거나, 주변을 정리하거나 양손을 자유롭게 사용할 수 있다.

처음 만난 신생아에게 부모는 이렇게 반응해야 한다

오해 16: 갓난아이는 포대기와 모자, 고무젖꼭지와 아기 침대를 사람보다 더 좋아한다.

→ 갓난아이는 누군가의 가슴 위에 안겨 살이 맞닿은 채로 있을 때를 좋아한다.

어떤 방식으로 이뤄지든 아이와의 첫 만남과 이후 6주는 특별하고 민감한 시기다. 모든 부모는 아이와의 첫 만남을 도와줄 도구를 사용할 자격이 있다. 아이들이 인사하는 방식은 감각적으로 특별하고 더디다. 시간이 오래 걸린다.

아이에게 인사하기 위해서는 먼저 상의를 벗는다(아니면 상의나 가운의 앞섬을 연다). 그리고 기저귀를 제외한 아이의 옷을 모두 벗기고 맨몸인 아이를 엄마의 맨 가슴 위에 올리고 그 위를 담요로 덮는다. 부담스럽다면 아이의 뺨을 맨 가슴에 대는 방식으로 조금 더 쉽게 시작해 점차 확대해가자. 엄마의 가슴은 아이에게 있어 세상에 단 하나뿐인 특별한 집이다.

아이와 부모의 가슴에는 'C-촉각 신경'이라는 특별한 신경이 있다. 이 민감한 신경들은 기분 좋은 접촉에만 반응하며 아이와 부모의 뇌에서 옥시토신과 도파민 분비를 유도해 안정적 상태에 접어들도록 한다. 아이의 모자를 벗기고 머리에서 나는 냄새를 맡으면 부모의 뇌에서 옥시토신과 도파민이 분비된다. 가슴 위에 올려놓아 살이 맞닿은 자세에서 아이는 엄마의 몸이 주는 완전한 감각 경험을 얻는다.

막 태어난 아이의 뇌는 이 경험을 기다리고 있다. 엄마의 냄새, 목소리, 호흡, 움직임, 손길이 아이에게는 안전 신호이며, 이는 아이 뇌에서 옥시토신이나 도파민과 같은 양육에 도움을 주는 호르몬의 분비를 유도한다. 아이의 정서뇌가 형성되기 시작한다. 덕분에 편도체가 조용해지면서 아이의 스트레스가 완화된다. 엄마의 가슴은 특별한 C-촉각 신경을 통해 아이의 체온을 조절한다.

수유하는 엄마 또는 부모의 몸에 닿아 있는 경우 아이의 신체는 준비가 되면 젖을 먹어도 된다는 신호를 받고, 부모의 옥시토신과 프로락틴 수치가 오르며 젖이 나오고 부모의 뇌가 발달한다. 그리고 아이는 깊고 편안한 잠에 빠진다. 여러 감각이 느껴지는 중요한 이 자세에서 아이에 대한 모든 양육이 이루어진다.

아이는 이 자세에서 약 15~20cm 떨어진 거리에서 엄마의 얼굴을 바라본다. 팔에 안긴 아이와 당신의 눈 사이의 정확한 거리다. 대부분의 사람에게는 심장 근처, 왼편에 아이를 안고자 하는 본능이 있다. 이 자세에서 아이들은 엄마의 얼굴 왼편에서 드러나는 감정 정보를 얻고 심장박동을 듣는다. 아이는 자신의 호흡과 심박을 엄마의 것과 동기화한다. 엄마는 아이의 체온과 산소 수치, 포도당 수치를 조절한다.

아이는 엄마의 목소리를 듣는다. 배 속에 있는 내내 들었다면 아이가 좋아하고 또 알아들을 목소리다. 혹은 이제 배우기 시작한다. 엄마의 냄새를 맡고 엄마의 체취를 익히며 보살핌을 받는다. 엄마의 손길을 느끼고 안아주는 몸과 입맞춤을 느낀다. 엄마의 감정을 느낀다.

아이가 잘 들을 수 있도록 부드럽게 말을 걸자. 당신을 느끼도록 안아주고 입 맞춰주자. 가능하다면 젖을 물려주자. 아이가 따라 하도록 표정을 짓고, 또 아이의 표정을 따라 하며 소리를 내자. 이것이 베이비 챗의 시작이다.

살이 맞닿은 자세에서는 엄마도 아이가 만들어내는 감각 경험을 받아들인다. 아이가 만지고, 냄새를 맡고, 소리를 내는 것이 엄마 뇌에 안전 신호로 작용한다. 가슴에 있는 C-촉각 신경이 엄마의 뇌로 신호를 보내 스트레스 호르몬을 감소시키고 옥시토신과 도파민을 분비시켜 평온하고 연결돼 있다고 느끼고 또 사랑을 느끼도록 한다. 이 호르몬들은 부모의 뇌를 변화시키고 부모로서 자신감을 키워준다. 편도체 활동이 감소해 불안감과 두려움이 줄어든다. 막 출산한 경우 아이와 살을 맞댄 접촉은 자궁을 자극함으로써 회복을 돕기도 한다.

아이와 처음 만날 때는 이렇게 아이와 닿아 있는 채로 최소 60~90분에서 최대 몇 시간, 며칠 정도 누워 있는 게 가장 좋고, 이후 아이를 알아가는 6주 동안 매일 60~90분간 안고 있는 것이 이상적이다. 이것을 '캥거루 케어'라 부르는데, 다수의 연구 결과 뇌 발달 효과가 있는 것으로 나타났다. 캥거루 케어를 실천할 수 없는 경우에는 언제든 얼마만큼이든 그저 살이 맞닿은 접촉을 하자. 우리가 하는 모든 양육은 우리 아이들과 자신에게 도움이 된다는 점을 기억하자.

피부가 맞닿는, 감각을 느낄 수 있는 밀착은 유대감에만 도움이 되는 게 아니다. 아이의 뇌와 스트레스 체계에도 중요한 역할을 한다. 이는 반드시 지켜져야 할 부분이다. 아이의 정서뇌를 발달시키고, 성장을 촉진하며, 고통을 경감해주고, 후성유전을 통해 DNA 발현을 변화시키기 때문이다.

양육자와 가까이 있는 것, 그리고 양육자의 손길을 느끼는 것은 생존뇌의 모든 기능을 조절한다. 신체 건강을 증진하고, 심장박동과 호흡, 혈당, 혈중 산소, 체온을 안정시키며, 면역 체계를 발달시키고, 수면의 질을 향상시킨다. 또한 모유 수유의 성공률을 높이고, 체중 증가를 촉진하고, 통증을 덜 지각하도록 하며, 우는 횟수와 기간을 줄여주고, 영아 뇌의 음성 운동 영역과 소리 모방 능력을 활성화한다.

스트레스와 불안을 줄여 아이와 부모의 정신 건강을 증진하며, 영아와 부모 사이의 상호작용을 더 풍부하게 만들고, 아이가 더 많이 미소 짓게 되며, 유대감을 더 강화하고, 부모의 자신감을 높인다. 이 영향력은 20년이 지나도 남는다.

아이와 인사하기를 위한 팁을 몇 가지 소개한다.

- 대다수의 자연분만 사례에서는 아이가 세상에 나오자마자 가슴에 안을 수 있다. 출산 후 진행되는 모든 검사는 아이를 가슴에 안을 채로 받을 수 있다. 이것이 모든 조산사가 기본적으로 취하는 조치다. 산부인과 진료를 받을 때 본인이나 배우자가 이와 같은 조치를 받을 수 있도록 전달해달라고 (간혹 여러 번) 명확히 말해야 한다. 아이가 태어난 후 비타민K 주사와 에리트로마이신erythromycin 안연고 도포를 한 시간 정도 미루고 그 어떤 방해도 없이 아이를 처음 만나면서 직접 안고 깨끗한 눈을 바라볼 수도 있다.
- 출산 후 즉시 아이를 가슴에 안을 수 있는 제왕절개 사례도 많다. 이 경우에도 가슴에 안은 채로 검사를 해달라고 요청할 수 있다. 역시 한

시간 정도 살을 맞대고 안고 있자. 비타민K와 에리트로마이신 연고는 조금 뒤로 미룰 수 있다. 그러나 아이나 산모에게 의학적인 고려 사항이 있다면 아이를 안지 못할 수도 있다. 그럴 때는 배우자(혹은 아이에게 목소리가 낯익은 다른 가족 구성원도 좋다)가 아이 곁에 머무르면서 낮은 목소리로 말을 걸고, 만지고, 의학적으로 접촉이 가능해지자마자 피부를 맞대고 안아주는 것이 이상적이다.

- 아이가 신생아 집중 치료실에 입원하는 경우에도 미숙아나 의학적 문제가 있는 아이 등 몇몇 예외를 제외하면 모든 아이를 살을 맞대고 안을 수 있다. 이것이 이상적으로는 모든 신생아 집중 치료실에서 실행되어야 하는 모범이다. 그러나 간혹 실행되지 않는 경우가 있으며, 이때는 최대한 피부 대 피부 접촉 시간을 확보하기 위해 아주 강력하게 원하는 바를 주장해야 할 수도 있다.

- 회복하는 동안 아이와 함께 감싸 부모의 몸에 단단히 고정할 수 있는 신축성 좋은 천을 병원에 가져갈 수도 있다(병원에서 제공하는 경우도 있다). 물론 포대기나 아기 침대를 사용해도 된다. 하지만 부모에게 쉬는 시간이 필요할 때에 한하며, 아기 침대는 잠시 아이를 내려놓는 곳으로 사용하는 게 가장 좋다. 피부로 직접 안는 것이 이상적이며 기본이다. 당신이 괜찮다면 병원에 있을 때 아이를 가슴에 안고 자도 좋다. 어떤 아이들은 이 자세에서만 잠에 든다.

- 신체적·성적, 그리고 대인관계상의 트라우마는 피부를 통한 직접 접촉을 어렵게 할 수 있다. 불편하다면 작은 부분부터 시작하고, 편해지면 조금씩 단계를 높여보자. 작은 부분이라도 불편하다면 당신의 삶

에서 이를 해줄 수 있는 사람이 누굴지 떠올려보자. 그쪽이 더 편할 수 있고, 아이를 직접 안아줌으로써 당신의 가족에 도움이 될 수 있다.

- 갓난아이일 때 혹은 영아기에 직접 안아주지 못한 채 아이가 컸다면, 지금이라도 해주면 된다. 회복은 언제든 가능하다. 좀 더 큰 아이들도 살을 맞대고 안는 것에서 편안함을 느낄 수 있다.

아이와 부모의 연결감 키우기 - 공감 육아 실전 적용

아이와 연결감을 형성하는 일은 어떤 부모에게는 타인과의 순간을 온전히 충실하게 보내는 첫 경험일 수 있다. 아이와 연결된 채로 종일을 보내라 제안하는 게 아니다. 그보다는 여느 관계가 그렇듯 서로 확인하고, 방해받지 않는 양질의 시간을 함께 보내고, 서로 연결감을 구축하면서 관계를 형성해가도록 노력하라는 이야기다. 하루에 10분에서 20분가량은 따로 시간을 내어 아이와의 관계에 참여하기를 권한다.

양육을 통한 연결감 형성은 아이와의 순간에 충실하고, 아이와 상호작용하고, 아이에게 반응한다는 뜻이다. 내일은 무엇을 할지, 저녁으로 어떤 요리를 할지 생각하는 게 아니라 그 순간에 집중해야 한다. 명상 연습과 비슷하다. 그 어떤 방해 요소도, 휴대전화도, TV도 없이 청각, 촉각, 후각, 미각, 시각, 나의 감각에만 집중한다.

이제 아이는 무엇을 느끼고 있을지 상상해보자. 무엇을 듣고, 느끼고, 어떤 냄새를 맡고, 맛을 느끼고, 보고 있을까? 아이는 당신에게 메시지를 보내고, 당신도 아이에게 메시지를 보낸다. 신체의 스트레스를 조절해 진정된 상태로 아이에게 온 관심을 쏟는다. 몸 전체가 아이를 향해 열려 있다. 당신의 눈은 밝게 빛나며 같은 눈높이에서 아이를 바라본다. 아이가 당신을 바라보면 마주 보면서 주의를 기울여 아이의 생존뇌가 보내는 모든 메시지를 받아들인다. 말과 소리, 몸의 움직임을 활용해 아이가 보내는 메시지와 탐색 활동에 반응한다.

실제로 보면 이 모든 과정은 당신이 소파에 앉아 무릎에 올려놓은 아이를 마주 보고 있는 모습일 것이다. 잠시 시간을 들여 서로를 바라본다. 무엇이 보이는가? 작디작은 코, 입술, 조그마한 손과 발이 보인다. 아이에게선 어떤 냄새가 나는가? 어떤 소리를 내는가? 아이의 호흡은? 당신의 호흡은? 까르륵거리는 소리를 내는가? 트림 소리를 내는가? 아이를 만지면 어떤 느낌인가? 부드러운가? 보송보송한가? 따뜻한가?

조급해할 필요 없다. 시간은 충분히 있다. 함께 있으면서 서로를 느끼고 받아들이는 것이 당신이 해야 할 일이다.

수많은 SNS 게시물이 아이를 보는 순간 어떻게 연결되는지 알게 될 거라고, 아이의 눈을 들여다보면 행복하게 하루를 채우는 법을 알게 될 거라고 말하지만, 사실 대부분은 양육을 통한 연결감을 형성하려면 부모들도 연습을 해야 한다. 노력하고 집중해야 한다. 시간이 지나면 차차 쉬워질 것이다. 그리고 이제 좀 알겠다 싶은 때가 오면 다른 이들보다 좀 더 수월하게 할 수도 있을 것이다.

명상 전문가 존 카밧진Jon Kabat-Zinn은 이렇게 말했다.

**"우리가 마음챙김mindfulness을 수련하는 건 마음챙김을 더 잘하기 위해
서가 아니다. 인생을 잘 알기 위해서다."**

아이와 연결감을 형성하는 것도 마찬가지다. 연습이 고될 수도
있다. 하지만 우리가 이를 연습하는 건 그저 잘하기 위해서가 아니
라 내 아이와 나의 뇌를 발달시키기 위해서다.

아이와 함께 연결되는 공감 육아

이제 공감 육아라는 양육의 초석을 적용해 아이와 연결되는 데
활용할 수 있는 실용적인 방법을 알아보자. 처음에는 조금 어색할
수도 있다. 공감 육아를 활용해 아이들에 대한 이해도를 높여야 한
다는 사실만 기억해도 괜찮다. 연습할 때는 자신을 너그럽게 대해
주자.

이 연습을 부모와 아이 모두에게 즐거운 시간으로 만들 방법을
찾기를 바란다. 어떤 방법이 둘에게 가장 좋을지 고민해보자. 목욕
시간을 즐기지 않거나 소파에 앉아 있는 게 너무 정적이라고 느껴
지면 본인이 좋아하는 음악을 틀어놓고 아이를 안은 채로 흔들흔
들 춤을 춰도 좋다. 아니면 밖에서 잔디밭에 함께 앉아 있거나 터

미 타임tummy time*을 가져도 좋고, 카페에 가는 것도 좋다. '누구'와 '어떻게'만 확실하다면 '무엇'과 '어디'는 중요하지 않다. 당신과 아이가 가슴과 가슴을 맞대고 혹은 얼굴과 얼굴을 맞대고, 평온하고 안정된 상태에서 다른 모든 것은 차단하고 서로의 세계에 들어가기만 한다면 말이다.

아이의 감정을 사랑으로 수용하자

양육자로서 아이가 던지는 무의식적인 질문에 다시 한번 답을 해주자.

"내가 보여요?"

숨을 들이마시고 아이를 바라보자. 당신과 연결되고자 하는 흥분으로 무척 신나 하고 있다.

"내가 여기에 있는 게 신경 쓰이나요?"

잠깐의 시간을 두고 아이에게 신경을 쓰고 있다는 걸 보여주자. 아이에게 느끼는 경외와 기쁨을 발산하자.

＊　아기가 바닥에 배를 대고 엎드려 노는 활동

"지금의 나면 될까요? 아니면 내가 좀 더 나은 아이가 되면 좋겠어요?"

지금의 상태를 확실히 받아들인다는 걸 보여주자. 지금 나의 아이는 충분함 그 이상이다. 충분해지기 위해 어떤 말을 할 필요도, 행동하거나 성취해야 할 필요도 없다.

"엄마의 눈빛처럼, 내가 특별한 아이라고 생각해도 돼요?"

사랑과 수용을 담아 아이를 바라보자.

Chapter 7

아이가 울거나 떼를 쓸 때 - 아이에게 스트레스 조절을 알려주는 육아 타이밍

모든 영아의 스트레스에는 메시지가 담겨 있다. 자신의 스트레스 체계가 과부하되었고, 안전하지 않다고 부모에게 알려주는 것이다. 스트레스를 받는 아이의 뇌는 코르티솔 수치가 높고 옥시토신 수치는 낮으며, 위협을 감지하고 있다. 이럴 때 부모는 아이의 뇌에 옥시토신을 제공해 다시 평온하고 안전한 상태를 느끼도록 도와주어야 한다.

아이가 태어나고 처음 9개월 동안 저는 제 아들이나 제게 문제가 있는 건 아닐지 심히 걱정했어요. 저는 늘 지치고 불안하고 두렵고 혼란스러웠죠. 제 친구들 아이 중에는 그런 애가 없었어요. 제 아이는 자주 울었어요. 자다가도 울면서 깼고 기분도 안 좋아 보였죠. 재우려면 안아줘야 했고, 언제든 혼자 누이기만 하면 바로 목청이 찢어질 것처럼 울어댔습니다.

친구들은 애가 조용해서 카페도 가고 아기 수업도 들으러 간다는데, 저는 그런 건 꿈도 못 꿨어요. 다들 제가 너무 예민하다고 생각하더군요. 한 친구가 해결 방법을 찾아보라며 육아 책을 건네줬는데, 제 아이는 책에서 말하는 것처럼 '먹고, 놀고, 자지' 않았어요. 저는 더욱더 알 수 없게 됐죠. 이렇게나 간단한 방법들도 따르지 못하는 제가 나쁜 엄마처럼 느껴졌어요. 아니면 따라 하지 못하는 제 아들에게 문제가 있는 건 아닌지 싶기도 했습니다.

어느 날 제게서 떨어지지 않는 짜증이 가득한 아이를 피해 화장실 변기에 앉아 있을 때였어요. 박사님의 글을 발견했죠. 일반적인 영아의 행동이 내 독특한 아이에게는 어떤 식으로 적용되는지, 부모의 뇌는 어떻게 본능적으로 변하는지에 관해 쓰여 있었어요. 제 본능에 집중하면 된다는 걸 깨달았어요. 제 아이의 괴로움에 반응해주고, 계속해서 안아주고, 불규칙하고 예측하기 힘들더라도 아이가 보내는 신호에 맞춰 밥을 주고 재우면 된다는 걸 배웠죠.

제 아이는 조절이 필요하고 스트레스 체계가 무척 민감하다는 점도 이해했죠. 저 자신을 위한 시간을 확보하기 위해 배우자와 엄마에게 부탁했어요. 결과적으로 제 육아 방식은 아무것도 바뀌지 않았어요. 하지만 제 아이, 그리고 엄마로서 자신을 바라보는 시각은 극적으로 바뀌었죠. 제 아이를 어딘가 문제가 있을지도 모르는 아이가 아닌 내면에 중요한 욕구가 있는 아이로 바라보기 시작했어요. 제 자신을 자신감 있고 강한 힘을 지닌 엄마로 바라보기 시작했고요.

- 엘레나 S.

오해 17: 아기의 스트레스와 감정은 중요하지 않으며 무시해도 된다.

→ 아기들도 스트레스를 비롯한 다양한 감정을 느끼며, 이는 아이의 뇌와 신체가 자라는 방식에 영향을 미친다.

오해 18: 우는 아기를 달래주면 그 행동을 해도 좋다고 가르치는 것과 같고, 결과적으로 아기는 더 울고 더 매달린다.

→ 울고 매달릴 때 달래주면 아기는 덜 울게 되고, 오히려 독립
   심이 커지도록 뇌가 성장한다.

아이가 스트레스 상태에 있을 때 우리는 안정적이고 지속적으로 아이에게 무엇이 필요할지 고민해야 한다. 뇌과학적 측면에서 스트레스를 표현하는 영아를 도와주는 방법은 명확하고 단순하다. 영아 수면 교육 전문가 칼리 그럽Carly Grubb의 말을 기억하자. "아이에겐 당신의 응답이 필요합니다. 언제든, 낮이고 밤이고요. 단순해요. 하지만 힘들죠."

아이의 스트레스를 보살피는 건 육아에서도 가장 힘든 일에 꼽힌다. 영아들은 자주 커다란 스트레스를 느끼며 성인과는 달리 감정을 누르지 못한다. 영아기 3년 동안 아이는 당신의 성숙한 뇌의 도움을 받아 스트레스에서 회복해야 한다. 낮은 물론이고, 밤에도 말이다. 아이는 자유롭게 스트레스를 표현하고, 안전하거나 안정적이지 않은 느낌을 받으면 자신을 안정적으로 보살펴줄 수 있는 양육자를 찾도록 태어났다.

스트레스를 느끼더라도 부모가 충분히 양육해주고, 스트레스 곡선을 낮춰주고, 뇌를 변화시켜 줄 것이라고 아이가 믿을 수 있어야 한다. 스트레스 상황에서도 아이는 자신이 안전하며, 곧 스트레스가 사라지리라는 것을 깨닫고 욕구에 대한 중요한 정보를 배울 수 있다. 그것을 배울 수 있도록 부모가 도와주어야 한다. 아이가 스트레스를 표현할 건강한 자유를 지키도록 도와주어야 하는 것이다.

스트레스에 더 적극적으로 반응해주면 아이의 스트레스 체계의 회복탄력성이 커지고, 이는 사회 발달, 안정 애착, 언어 발달, 인지 발달과 행동 문제와 공격성의 감소, 부모의 자신감 상승, 부모의 불안감 저하에 도움이 된다. 스트레스 반응에 연계된 주요 뇌 영역들(편도체, 시상하부, 해마, 전전두피질)과 신경전달물질 체계, 장 건강, 인지 체계 발달도.

부모 뇌의 도움으로 아이를 안정시킨다는 개념을 알고 나서 아이가 울면 부끄러움이나 자기 비난을 느끼는 많은 부모를 만나봤다. 어떤 부모는 아이가 울면 아이가 안전하다고 느낄 환경을 마련해주지 못했다는 의미로 받아들인다. 확실히 설명하자면, 스트레스를 보살핀다는 건 당신이 차분하거나 '올바르게' 반응하면 아이가 자동으로 차분해지거나 울지 않게 된다는 의미가 아니다. 반대의 경우도 마찬가지다. 아이가 스트레스를 받은 게 충분히 차분하지 않은 당신의 탓이라는 의미는 아니다.

이 원리를 설명하는 데 나는 '다리의 비유'를 주로 사용한다. 당신이 아이의 뇌에 다리가 되어주는 것이다. 아이의 뇌에는 아직 위협 상태와 안정적 상태를 연결하는 다리가 없다. 부모 뇌의 도움으로 아이의 뇌에 그 다리를 놓아주는 것이다. 이것은 마치 위협 상태에서 안전한 상태로 이동하는 경로를 아이의 뇌에 만들어주는 것과 같다. 당신의 차분한 상태는 아이의 신체가 옥시토신을 분비하도록 돕고, 시간이 지나면 아이의 뇌에는 스트레스가 사라져 다시 편안한 상태로 돌아간다.

중요한 건 이것이다. 다리를 건너가는 건 아이만이 할 수 있는 일이다. 당신은 이 과정에서 조력하는 관찰자다. 스트레스에 대한 민감도나 스트레스의 강도, 안정적 상태로 돌아오기까지 걸리는 시간 등은 아이의 기질과 유전자, 그 외 다른 요소의 결과다. 당신이 제공하는 양육은 다리다. 그것을 언제 어떻게 건널지는 아이 뇌의 신경체계의 몫이다.

이는 부모가 예측하거나 통제할 수 없다. 스트레스 가득한 위협 상태에서 안정적 상태로 빠르게 나아갈 수도 있고, 오래 걸리는 때도 있다. **아이의 스트레스를 없애는 건 당신이 할 일이 아니다. 그러나 아이가 준비될 때 건널 수 있도록 다리를 놓아주어야 한다.**

그렇다면 머릿속에 질문이 생길 것이다. 스트레스를 함께 극복하도록 도와주는 사람이 있다고 아이가 느끼게 하려면 아이를 어떻게 뒷받침하고 안정시켜 주어야 할까? 이것을 뇌과학적 질문으로 해석하면 이렇게 된다. 아이가 스트레스를 느낄 때 어떻게 해야 옥시토신 분비를 늘리고 코르티솔 수치는 낮출 수 있을까? 이런 질문도 함께 던지면 좋다. 내 아이가 스트레스를 느낄 때 도움을 주는 부모가 되려면 어떻게 나 자신을 뒷받침하고 안정시켜야 할까?

먼저 아이의 스트레스 반응 패턴과 단계를 파악하자

아이의 스트레스 곡선이 오르내리는 원리는 이렇다. 아이는 배고프거나 목마를 때, 겁이 날 때, 불편하거나 아플 때, 지칠 때, 큰 소리가 들리거나 정체를 알 수 없는 무언가가 나타날 때 두렵거나 위협적인 대상을 감지한다. 이때 편도체가 경고를 울리면 시상하부가 활성화되어 스트레스 호르몬을 분비해 뇌와 신체를 위협에 대응할 수 있는 상태로 바꾼다. 스트레스 곡선은 상승하고, 활발한 각성 상태에 들어선다.

생존뇌는 위협에 대응하고 스트레스 곡선을 낮추고 안정적 상태로 돌아갈 수 있도록 부모를 찾고 곁에 두기 위해 매달리며 우는 행동을 유발한다. 뇌와 신체, 행동에 영향을 미치는 이 연속적이고 비자발적인 생리적 변화가 바로 스트레스 반응이다. 스트레스 반응에는 '투쟁', '도피', '경직' 반응이 있다. 투쟁 또는 도피 반응을 보이거나 경직 반응을 보이는 아이들도 있고, 세 가지 반응을 복합적으로 보이는 아이들도 있다.

활발한 각성 상태에 있는 아이들은 초기 스트레스 신호를 보인다. 투쟁 또는 도피 반응에서 흔히 나타나는 초기 스트레스 신호는 낑낑거리거나 칭얼거리기, 약하게 울기, 매달리기, 반복되는 움직임, 주변 뛰어다니기가 있다. 이 행동들은 두려움, 속상함, 짜증, 걱정, 불안, 불쾌감을 암시한다.

경직 반응의 초기 신호로는 부모 뒤에 숨기, 사회적 상호작용이나 놀이에서 빠지기, 응시하기, 느리게 움직이기가 있다. 이 행동들은 두려움이나 슬픔을 암시한다. 복합 반응의 초기 신호는 투쟁 또는 도피와 경직 행동이 뒤섞여 나타나며 불안과 걱정, 과잉 경계를 동반한다. 모든 상태에서 아이는 불규칙한 호흡을 보이고 눈을 맞추지 않으며, 얼굴과 신체의 활동성이 높아지고 배고픔이나 불편감 같은 내적 자극과 소리, 밝은 빛, 너무 많은 사람 등 외부 자극에 대한 민감도가 높아진다.

양육자와의 공감을 통해 이러한 초기 스트레스 신호에 반응할 수 있다면 아이의 스트레스 곡선을 비교적 빠르게 떨어뜨릴 수 있으며 아이를 안정적인 상태로 되돌릴 수 있다.

아이가 우는 상태에 있다면 후기 스트레스 신호를 보인다. 투쟁 또는 도피 반응에서 후기 스트레스 신호는 대개 소리 지르기, 크게 울기, 불규칙한 호흡, 빨개진 얼굴, 몸을 활처럼 휘거나 팔다리를 마구 흔드는 등의 몸짓, 불안정한 팔과 다리의 움직임, 주먹 쥔 손, 돌기, 반복되는 움직임, 이리저리 머리 흔들기, 물기, 때리기, 발로 차기가 있다.

이 행동들은 두려움과 속상함, 분노를 암시한다. 경직 반응의 후기 스트레스 신호로는 더 적극적으로 숨기, 활동에서 빠지기, 공처럼 몸 웅크리기, 눕기, 무반응이 있다. 이 행동들은 두려움과 절망을 암시한다. 복합 반응의 후기 스트레스 신호는 앞선 두 반응에서 보이는 행동들이 뒤섞여 있으며, 불안과 걱정, 과잉 경계를 동반한다. 이 신호들은 투쟁, 도피 또는 경직하는 신경계 반응이 고도로 활성화돼 있음을 보여준다. 〈표 2〉는 흔히 볼 수 있는 초기 및 후기 스트레스 신호를 정리한 것이다.

몸이 견딜 수 있는 최대치의 스트레스 수준에서의 투쟁 또는 도

| 표 2 | 초기 스트레스 신호와 후기 스트레스 신호

초기 스트레스 신호	투쟁 또는 도피	낑낑거리거나 칭얼거리기, 약하게 울기, 매달리기, 반복되는 움직임, 주변 뛰어다니기
	경직	부모 뒤에 숨기, 사회적 상호작용이나 놀이에서 빠지기, 응시하기, 느리게 움직이기
	복합	투쟁 또는 도피 반응과 경직 반응 신호가 뒤섞여 나타남
후기 스트레스 신호	투쟁 또는 도피	소리 지르기, 크게 울기, 불규칙한 호흡, 빨개진 얼굴, 몸을 활처럼 휘거나 팔다리를 마구 흔드는 등의 몸짓, 불안정한 팔과 다리의 움직임, 주먹 쥔 손, 돌기, 반복되는 움직임, 이리저리 머리 흔들기, 물기, 때리기, 발로 차기
	경직	더 적극적으로 숨기, 활동에서 빠지기, 공처럼 몸 웅크리기, 눕기, 무반응
	복합	투쟁 또는 도피 반응과 경직 반응 신호가 뒤섞여 나타남

피 반응에서 아이들은 토하고, 설사를 하고, 자세 통제력을 잃고, 몸부림치고, 때리고, 물고, 발로 차면서 신체와 뇌가 스트레스, 두려움, 분노로 넘치고 있음을 보인다. 이러한 감정의 홍수가 지나고 나면 신경계는 경직 상태로 나아가며, 이때 응시하기, 반복적인 움직임, 눕기, 졸기, 잠자기의 행동을 보인다.

이와 같은 높은 수준의 경직 상태에서 영아는 피곤하고 졸려 보인다. 두 상태에서 나타나는 행동들은 탈진과 졸림을 암시한다. 이처럼 높은 수준의 복합 상태도 최고 수준의 경직 상태로 진행될 수 있다.

스트레스 반응은 다양한 양상을 띠기 때문에 아이마다 겪는 스트레스 경험도 제각각이다. 명확한 초기 신호를 보이는 아이들도 있고, 그렇지 않고 바로 높은 스트레스 상태로 직행하는 아이들도 있다. 같이 있어주면 바로 완화되는 경미한 수준의 스트레스만 느끼는 아이들도 있고, 더 적극적인 안정과 도움이 필요할 정도로 폭발적인 스트레스를 느끼는 아이들도 있다. 당신의 아이는 자신만의 기질을 지니고 있으며, 그러한 기질 중 하나가 스트레스 과민성이다.

〈그림 10〉을 보자. 한쪽 끝에는 낮은 스트레스 민감도를 보이는 아이가 있다. 전체 영아의 약 40퍼센트를 차지한다. 이 아이는 큰 스트레스를 느끼지 않으며 잘 울지 않는다. 일상이 규칙적이며, 긍정적인 감정이나 기분을 느끼고, 안정적으로 잔다. 약 50퍼센트의 영아들은 낮은 스트레스 민감도와 높은 민감도 사이의 중간 영역에 속한다.

10퍼센트의 영아들은 스펙트럼의 반대쪽, 높은 스트레스 민감도 쪽에 속한다. 이 영아들은 자주 스트레스나 부정적인 감정을 느낀다. 일상이 불규칙한 편이고, 잘 진정하지 못해 쉽사리 잠들지 못

| 그림 10 | **스트레스 민감도는 아이의 기질적 특성에 따라 다르다. 어떤 기질이든 양육은 아이의 스트레스 민감도를 낮출 수 있다.**

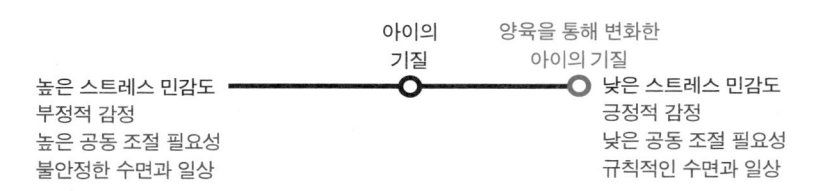

하며, 수면 패턴도 불안정하다. 소리와 빛, 옷이나 담요, 음식의 질감 등에 굉장히 예민하다.

이 아이들의 스트레스를 완화해주는 일은 더 어렵다. 많은 도움이 필요하며, 안정을 도와줄 믿을 만한 부모의 도움이 있어도 자주 그리고 크게 스트레스를 느낀다. 전체 영아의 소수를 차지하기 때문에 높은 스트레스 민감도를 지닌 아이들의 부모 중 다수가 자기 아이와 비슷한 다른 아이의 존재를 잘 모른다. 그러니 이것이 지극히 정상이라는 점을 알면 좋겠다.

스펙트럼의 어느 지점에 있든 아이를 충분히 양육하면 스트레스 민감도를 낮추는 방향으로 후성유전을 변화시킨다. 아이의 기질 자체를 스트레스 민감도가 낮거나 스트레스를 덜 느끼는 쪽으로 바꿀 수는 없다. 하지만 아이의 스트레스를 다스려주면 처음 시작점이 어디였든 스트레스 민감도가 낮아지도록 도울 수 있다. 물론 반대도 마찬가지다. 아이의 스트레스를 무시하면 스펙트럼의 시작점에서 높은 스트레스 민감도 쪽으로 이동하도록 스트레스 체계가 발달할 수 있다.

아이가 스트레스에 민감하게 반응한다고 해서 아이에게 문제가 있다는 뜻은 아니다. 이는 아이의 생물학적인 기질이다. 이를 전적으로 받아들여 주어야 한다. 이 아이들은 잘 자라려면 부모가 스트레스를 잘 다스려줘야 할 필요성이 더 높다. 도움이 많이 필요한 아이를 안정적 상태로 되돌리도록 돕는 일은 상대적으로 더 어려울 수 있다. 하지만 아이가 자주 그리고 크게 스트레스를 느낀다고 해서 아이의 뇌가 유해한 스트레스 호르몬으로 가득한 건 아닐지 걱정할 필요는 없다.

지속적으로 곁에 있어주며 신체적·정서적 스트레스를 인정해줄 때 아이의 뇌와 스트레스 체계에 혁신적인 변화를 일으킬 수 있음을 이제 우리는 안다. 양육자의 존재는 아이의 뇌와 신체에 옥시토신을 공급하고 스트레스에서 유발되는 부정적 영향을 감소시킨다.

스트레스가 100퍼센트 유해한 건 아니다. 스트레스를 느꼈을 때 양육자가 스트레스를 낮춰주는 경험은 아이 뇌의 회복탄력성을 키워준다. 무엇보다 중요한 건 영아의 스트레스는 양육자가 완화해주어야 한다는 점이다. 트라우마 전문가 가보르 마테Gabor Maté 박사는 주장한다. "트라우마는 반드시 전쟁의 경험이나 참극을 목격한 데서 오지 않는다. 어려서 부모가 나의 부정적인 감정을 제대로 보살펴주지 않은 경험만으로도 충분히 생긴다. 외롭고 고통스러운 현실을 감당하기 어려워 자신의 일부를 단절시킨 것이다."

스트레스가 유해하게 작용하는 건 곁에 있어주지 않는 양육자로 인해 반복적으로 도움을 받지 못했기 때문이다. 양육은 함께 있어주는 것이고 스트레스를 다스려주는 것이며, 필요시에는 스트레스 곡선을 낮춰주는 것이다. 얼마나 자주 그리고 민감하게 스트레스를 느끼든 간에, 일관적이고 안정적으로 도움을 받는 경험은 아이의 뇌를 발달시키고 유해한 스트레스의 영향에 완충 작용을 한다.

아이의 고유한 기질을 잘 보살펴주는 최고의 방법은 아이를 관찰하며 스트레스 반응 패턴과 안전 반응 패턴을 파악하는 것이다.

아이의 학습과 탐색 도와주기

영아는 특히 수면과 배고픔, 관계에 대한 욕구가 충족되면 탐색에 대한 강한 동기를 느낀다. 아이의 뇌가 탐색을 원할 때 이를 실행하고 움직일 기회를 줄 수 있어야 한다. 모든 일을 대신 해주면서 아이가 학습을 추구하는 상태를 흘려보내서는 안 된다. 숟가락이나 컵을 들지 못하게 하거나, 스스로 앉거나 첫 걸음을 떼지 못하게 하는 등 주변에 머물며 모든 장애물을 대신 치운다면 아이의 탐색과 운동, 인지 발달을 방해하고, 인내심과 자신감, 본능에서 오는 동기와 스트레스 체계의 회복탄력성의 발달에 지장이 생길 수 있다.

아이가 학습이나 놀이, 탐색을 할 때 때때로 낮은 수준의 스트레스와 함께 좌절이나 분노, 망설임 등의 감정을 보일 수 있다. 이때 아이는 신체적 움직임이 활발하고 동기가 높으며, 처음으로 뒤집기를 시도하는 등 좌절스럽기는 하지만 보람 있는 몸부림을 치거나, 손을 입에 가져가거나, 퍼즐 조각을 맞는 위치에 넣으려 하거나, 스스로 신발을 신으려 하는 단호한 시도와 같은 낮은 수준의 스트레스를 일으키는 도전적이거나 새로운 행동을 하려 노력한다. 이와 같은 학습 상태에서 신체는 코르티솔 같은 스트레스 호르몬도 분비하지만, 보람을 느끼게 하는 도파민도 함께 분비된다. 학습과 탐험이 즐겁고 신나기 때문이다!

아이가 배우는 동안 부모가 곁에 있으면 옥시토신도 함께 분비되어 스트레스의 영향을 줄이고 학습 영역에 머무르게 하는 데 도움이 된다. 그러므로 근처에 있되 아이의 내적 경험에 호기심을 갖고 필요시 표현 미러링을 해주어야 한다. 아이의 스트레스 수준이 높아지면 이를 조절해줄 준비를 하고 있으면서 아이의 학습 상태를 북돋아주는 것이 좋다.

아마 이런 모습일 것이다. 아이가 장난감을 입에 가져가려 한다. 처음에는 신나서 옹알이를 하다가, 계속된 시도에도 실패하면 끙끙거리며 새근거리기 시작한다. 이때 즉시 나서서 도와주고 싶은 충동이 든다면 참자. 대신 아이와 대화를 나누자. "엄마는 언제든 여기에 있으니까 필요하면 부르렴." 스트레스가 높아지고 엄마가 가까이 필요할 경우 아이는 보통 흐트러진 움직임이나 자세, 큰 울음소리로 신호를 보낸다. 그러면 아이를 들어 올려 안아주면서 "엄마 여기에 있어"라고 말하며 양육자의 존재를 보여주자. 안정감을 회복하면 아이는 더 놀려 할 수 있다.

학습 상태에서 스트레스 상태로 변하면 아이는 신호를 보낸다. 부모에게 달려오거나 떼를 쓸 수도 있고, 마구잡이로 물건을 던질 수도 있고, 혼자 서 있거나 다른 아이를 향해 공격적인 행동을 할 수도 있다. 스스로 부모에게 다가오든, 부모에게 와달라는 신호를 보내든 스트레스 곡선이 상승하면 부모는 '피난처'가 되어 아이의 감정을 조절하고 정돈해주어야 한다. 즉 성숙한 어른의 뇌의 도움을 주어야 한다. 그러면 아이는 다시 안정감을 느끼고 세상에 대한 호기심을 느끼며 밖으로 나가 탐색하기 시작한다.

어른이 안아줄 때만 편안함을 느끼는 아이들도 있다. 따라서 특히 아이가 기어다니기 시작하기 전 몇 달 동안 품에서 벗어나 탐색하지 않으려 한다 해도 걱정하지 않아도 된다. 아주 정상적인 행동이다. 모든 아이는 다 다르다. 학습과 탐색을 돕는 건 아이가 보내는 메시지에 주의를 기울여 아이가 필요로 하는 도움을 준다는 의미다. 부모는 아이에게 가장 중요한 안전 신호이기 때문이다.

최대한 신속하게 반응할 수 있도록 아이가 지닌 기본적인 요구에 대한 신호와 초기 스트레스 신호, 아이를 진정시키는 요인이 무엇인지 알아두는 것이 유용하다. 스트레스를 아예 느끼지 않도록 할 수는 없다. 하지만 아이가 스트레스 상태를 너무 심각하고 길게 경험하지 않도록 도와야 한다.

아이의 스트레스를 조절하는 실전 비법

아이들이 스트레스 상태에 이르면 다른 무엇보다 부모가 곁에 있어주는 것이 중요하다. 아이가 보내는 초기 신호에 어른이 반응해 주지 않으면 아이의 편도체는 이것을 더 큰 또 다른 위협으로 간주하며 뇌와 신체에 스트레스 호르몬을 더 많이 분비하도록 시상하부에 신호를 보낸다. 물론 초기 신호에 반응을 해주더라도 스트레스 지수는 높아질 수 있지만, 부모의 존재는 스트레스가 상승한다 해도 늘 강력한 안전 신호로 작용한다.

아이의 기본적인 욕구를 확인하는 것도 좋다. 배고프지는 않은지, 목이 마른 건 아닌지, 졸린 건 아닌지, 어디가 아프거나 불편한 건 아닌지, 충분히 움직이면서 놀고 있는지 말이다.

아이의 신호를 보고 부모의 존재를 필요로 할 때 다가가자. 대개 아이들은 즉시 가슴을 맞대고 안아주기를 원한다. 팔을 들어 올리고 편안하게 안길 것이다. 아이가 조금 더 커 12개월에서 18개월 이상이 되면 안아주기 전에 약간의 간격을 두길 원할 수도 있다. 이것이 보통 우리가 떼쓰기라고 하는 것이다.

떼쓰기의 첫 번째 유형은 보통 분노를 동반한 스트레스로, 부모를 밀치거나 때리거나 발로 찰 수 있다. 이는 부모의 손길을 원치 않는다는 메시지다. 이때는 아이의 옆에 앉아 스스로를 진정시키면서 공감 육아를 해주는 게 좋다. "우리 아가가 서럽게 울고 있네(행동). 지금 무척 속상해서(감정) 엄마가 만지는 게 싫구나(욕구). 엄마도 무척 화가 난 적이 있어서 지금 아가가 어떤 기분인지 알 것 같아. 처음에는 무척 화가 나겠지만, 차차 가라앉는단다. 엄마가 안아주면 좋겠을 때 알려주렴. 엄마는 계속 여기에 있을게." 떼쓰기의 두 번째 유형은 보통 슬픔을 동반한 스트레스로, 이때 아이는 닿기를 원하며 팔을 들어 올리거나 안아달라며 부모를 찾는다.

부모와의 가까운 거리와 연결감은 아이를 진정시킨다. 아이가 준비되면 가슴을 맞대고 안아주고, 필요하다면 살을 맞대고 안아주자. 몸이 맞닿으면 아이와 엄마 모두에게 양육에 도움을 주는 호르몬인 옥시토신과 도파민, 그리고 엔도르핀이 분비된다. 가능하면 모유를 수유해주자. 모유 수유는 내 아들이 3세가 될 때까지 아이를 스트레스 상태에서 안정적 상태로 되돌리는 데 엄청난 힘을 발휘했다.

직접 겪어보니 유아기 내내 모유 수유를 하는 데서 오는 강력한 공동 조절 효과가 과소평가돼 있는 것 같다. 젖을 먹이면 아이는 신체 내부에 마사지를 해주는 것처럼 굉장히 기분 좋은 느낌을 받는다. 젖은 아이를 진정시키고 기쁘게 만들며, 아이와 엄마 모두에게 옥시토신과 도파민을 빠르게 분비한다.

공동 조절이 극도로 필요한 시기

모든 영아는 부모와의 밀착과 도움이 무한대로 필요해 보이는 시기를 거친다. 이 시기는 지각 변화, 인지 변화, 감정 변화, 분리 불안, 그리고 기어다니기와 말하기, 걷기 등 운동 발달과 관련한 뇌 성장에 큰 변화가 일어나는 시기다. 생후 3~4개월, 6개월, 9개월, 12개월, 18개월, 24개월, 30개월이나 인생의 큰 변화가 생길 때 돌봄의 필요가 급증하는 걸 확인할 수 있을 것이다.

이때는 달력을 보는 대신 아이의 정서적 욕구를 철저히 수용하는 연습을 하자. 부모를 찾을 때는 부모가 필요하다는 뜻이다. 더 찾을 때는 더 필요로 한다는 뜻이다. 내 아이가 보통 2~4주에 걸쳐 이와 같은 시기를 거칠 때, 나는 이 단계도 지나가리라는 점을 떠올렸고 스스로를 더 돌봐주기 위해 도움을 요청해야 했다. 아이의 미성숙한 정서뇌를 위해 부모가 외부의 정서뇌 역할을 해주어야 한다는 사실을 이해하고 나면, 아이의 스트레스 체계가 활성화될 때 부모의 존재가 있어야 아이의 뇌가 발달할 수 있음을 깨달을 수 있다.

아이의 스트레스와 가까이 있고자 하는 욕구는 시간이 지나며 줄어들지만, 그 과정이 늘 수월하게 진행되는 건 아니다. 영아기 내내 높은 수준의 공동 조절이 필요한 아이들도 있다. 언제 이 시기가 찾아올지 예측하거나 알 수는 없다. 우리가 할 수 있는 일은 아이의 생존뇌가 보내는 메시지에 귀를 기울이고 필요로 할 때 아이를 위해 마치 외부의 뇌처럼 아이의 뇌에 도움을 주는 것뿐이다.

아이의 모든 감각을 자극해주자. 아이는 여러 감각을 느끼는 경험을 통해 진정된다. 만지기, 노래 불러주기, 말 걸기, 움직이기, 표정 짓기, 정서적으로 교감하기 등 다양한 감각 자극을 시도해보자. 부모가 표정을 통해 아이의 스트레스를 보여주고 다시 안심하는 표정을 보여주는 표현 미러링도 안정에 큰 도움이 된다.

부모의 존재만으로 안전하고 차분한 상태로 돌아오게 하기에는 역부족인 경우도 있다. 특히 더 높은 스트레스 민감도를 지닌 영아의 경우, 부모 자체가 스트레스 유발 요인으로 작용하는 유아의 경우에도 아이의 스트레스를 내리기 위해 시도할 수 있는 몇 가지 방법이 있다. 나는 이것을 '에너지 전환하기' 접근법이라고 부른다.

솔루션 1. 움직이자

움직임은 아이와 부모 모두를 안정시킬 수 있다. 스트레스를 느끼는 아이를 안고 걸으면 아이 뇌의 진정 회로를 활성화한다. 숫자 8 모양으로 부드럽게 움직이며 아이를 앞뒤로 흔드는 것도 아이를 진정시키는 데 도움이 된다. 아이를 팔로 안거나 흔들의자에 앉혀 살살 흔들거나 짐볼 위에 앉혀 약하게 반동을 주어도 좋다.

솔루션 2. 노래를 불러주자

노래와 부모의 목소리는 아이의 뇌를 차분하게 만들어준다. 부모와 아이를 차분하게 해주는 단조로운 노래를 한 곡 또는 몇 곡 알아두면 안정에 도움이 된다. 내 어머니는 아이를 안고 살살 흔들면서 걸으며 낮은 목소리로 "우-리-아-가-"를 반복해서 노래처럼 불러주면서 진정시키는 방식을 사용했다.

솔루션 3. 조용한 곳으로 아이를 옮기자

아이를 데리고 가급적이면 소음이나 사람, 자극이 많지 않으며 어둡고 조용한 다른 방으로 자리를 옮긴다. 새로운 장소에서 안아주거나 젖을 준다.

솔루션 4. 장난을 치자

춤판을 벌리거나 웃긴 표정 짓기, 까꿍 놀이를 해보자. 스트레스를 유발하는 활동을 피하고자 함이 아니라, 진정되지 않는 아이의 스트레스 반응에 쉼표를 찍어주기 위함이다.

솔루션 5. 스트레스에서 멀어지자

가능하면, 혹은 필요하면 스트레스 요인에서 멀어지도록 한다. 기저귀를 갈아주는 일이 스트레스를 유발하거나 외출 시 신발을 신는 일이 전쟁일 경우, 가능하면 잠시 시간을 갖는 것도 방법이다. 숨을 고르고, 함께 살짝 웃고, 서로 연결되어 옥시토신이 분비되도록 한 다음 다시 시도해보자.

솔루션 6. 밖으로 나가거나 목욕하자

외출은 에너지를 전환하는 좋은 방법이다. 사는 곳이 어디든 밖에 나가면 집에 있을 때 갇혀 있던 스트레스 상태에서 에너지의 방향이 바뀐다. 밖에서 한동안 아이를 안고, 움직이고, 노래를 불러주자. 목욕도 아이를 진정시킬 수 있는 좋은 수단이다. 욕조에 몸을 담근 채로 수유를 하는 것과 마찬가지로, 아이가 울거나 매달릴 때 함께 욕조에 몸을 담그거나 샤워를 하면 아이와 부모 모두 진정되는 효과가 있다.

눈을 마주치지 않은 채 등을 두드리기만 하는 등 미리 정해놓은 방식으로만 아이를 달래라는 조언은 경계하자. 아이의 귀에 대고 큰 소리로 '쉿!'이라고 하거나, 고무젖꼭지를 물리는 등 아이를 '즉시' 조용히 시킬 수 있다고 알려져 있는 방법들은 아이를 찬찬히 달래기보다는 바로 경직 반응을 이끌어낼 가능성이 더 높다. 그러지 말고 아이와의 관계에 집중하자. 가장 잘 맞는 방식을 택해서 실천해보자. 어떤 방법이 맞는지 아이가 알려줄 것이다.

젖을 먹이거나 노래를 불러주거나 함께 걷고 있을 때 아이가 반응하지 않는다면 다른 활동으로 전환하는 걸 고려해보자. 같은 방법을 여러 번 시도해도 통하지 않는다는 사실을 깨닫는 순간 이렇게 생각하게 될 것이다. '다른 방법을 시도해보자!' 가끔은 융통성이 답일 때가 있다.

공감 육아로도 아이에게 규칙을 가르칠 수 있다

아이의 스트레스를 피하겠다며 건강에 해롭거나 위험한 일에 '안 돼'를 참아선 안 된다. 스트레스와 감정 처리를 도와주라는 말이 무조건적으로 아이의 모든 행동을 포용하라는 뜻은 아니다. 위험하거나 반사회적이거나 건강에 해로운 행동을 취할 때는 이를 지도할 수 있어야 한다. 행동을 지도하는 건 아이가 보호받고 있으며, 안전하다는 느낌을 받도록 돕는다. 공감 육아를 활용해 아이가 자신의 감정과 욕구, 행동을 스스로 인지하도록 가르칠 때 안전하고, 사회적인, 건강한 행동을 하도록 이끌 수 있다.

영아가 무언가를 배우려면 안전하고 차분한 상태에 있어야 하며, 학습은 보통 부모의 인내와 이해가 필요한, 무척 느린 과정이다. 아이가 꽥꽥거리며 울 때 물면 안 된다고 가르치거나, 소리를 지르며 거리로 뛰쳐나가면 안 된다고 가르치는 건 부모의 시간을 낭비하고 부모와 아이의 스트레스만 가중시킬 뿐이다.

영아기는 사고뇌의 회로들이 막 연결되기 시작하는 때이며, 스트레스 상태에서는 아이가 사고뇌를 활성화할 수 없다는 점을 명심하자. 영아기에는 위협을 감지하는 생존뇌가 훨씬 더 큰 영향력을 행사한다. 아이의 행동 변화는 올바른 육아법에 따라 아이에게 충분히 반응해줄 때 점차 나타난다. 그때까지 아이의 감정을 존중해주어야 하고, 늘 스트레스 반응을 염두에 두어야 한다.

아이가 감정을 건강하게 표현할 수 있도록 도우면서 어떤 행동이 안전하고 사회적이며 건강한지 가르치려면, 먼저 경계를 설정해야 한다. 가령 엄마를 물면 젖꼭지를 빼거나, 누군가를 때리면 물리적으로 제지하거나, 정해진 시간이 지나면 화면을 끄거나, 위험한 물건은 치우는 등의 방식이 있다. 기어다니거나 걷는 영아의 경우, 돌을 던지거나 너무 높이 올라가는 등의 위험한 행동을 제지하는 것이 될 수 있다.

경계를 설정하게 되면 그 자체가 스트레스를 유발하는 요인이 될 수 있으나, 괜찮다. 아이의 건강과 안전을 지키는 것은 부모의 임무다. 아이를 제지했다면, 그다음 아이의 스트레스 상태를 확인하자. 필요하다면 다른 진정 기법을 활용해 스트레스 곡선을 낮추자. 아이의 욕구를 충족해주자.

아이가 깨물었다면, 이가 나고 있거나 배고프거나 외롭거나 그저 무언가를 물어야겠다는 느낌이 들기 때문이었을 수 있다. 그렇다면 좀 씹어야 하는 음식을 주거나 깨물면서 노는 장난감 같은 것을 주면 된다. 일단 아이가 진정되고 나면 조금 전의 경험을 되짚어보고 새로운 행동을 가르치자.

가능하다면 그 순간에 오롯이 존재하면서 아이와 눈을 맞추고 이렇게 말하자. "강아지의 꼬리를 그렇게 잡아당기고 싶었구나(행동). 궁금했던 거지(감정). 그리고 강아지에 대해 더 알고 싶었던 거야(욕구). 그런 느낌이 들 때는 강아지가 냄새를 맡을 수 있도록 이렇게 손을 내미는 거야(감정과 새로운 행동 연결하기). 사람들, 동물들, 식물들, 모든 살아 있는 것은 친절하고 부드럽게 대해야 해(배워야 할 규칙이나 지도 사항). 연습해보자. 어떻게 손을 내밀면 될지 엄마에게 보여줄래(감정과 새 행동을 연결하는 뇌 회로 형성)?"

혹은 이런 경우도 있을 터이다. "우리 아가가 소리를 아주 크게 질렀어(행동). 막 놀고 싶은 기분이 들어서(감정) 재미있는 걸 하고 싶었구나(욕구). 너무 신이 나서 놀 때도 목소리는 낮춰야 한단다. 그럴 때는 소리를 지르는 대신 달리거나 뛰거나 노래를 부르거나, 아니면 우리 아가 기분이 좋아지는 행동을 해볼까(감정과 새로운 행동 연결하기)? 소리를 지르면 다른 사람의 귀를 아프게 할 수가 있단다. 친구들에게는 친절하고 부드럽게 대해야 해(배워야 할 규칙이나 지도 사항). 연습해보자. 어떻게 위아래로 뛸 건지 엄마에게 보여줄래(감정과 새 행동을 연결하는 뇌 회로 형성)?"

다음의 사례도 가능하다. "엄마를 이렇게 아프게 때리다니(행동). 우리 아가가 화가 나서 그걸 표현하고 싶었구나(욕구). 화가 날 때는 베개를 때리거나 발을 구르거나, 아니면 기분이 좋아지는 행동을 하는 거야(감정과 새로운 행동 연결하기). 누구나 커다란 감정을 느끼고 표현해. 하지만 그럴 때 우리의 몸이나 말로 다른 사람에게 상처를 주지 않는 방식으로 표현해야 한단다(배워야 할 규칙이나 지도 사항). 연습해보자. 지금 우리 아가가 화가 나 있네? 이럴 때 발을 어떻게 구르면 좋을지 엄마에게 보여줄래(감정과 새 행동을 연결하는 뇌 회로 형성)?"

여러 번, 수백 번 연습을 반복하기 전에는, 그리고 아이가 자라 전전두피질이 완전히 발달하기 전에는 이를 완벽히 익힐 수 있다는 기대는 하지 말자. 즉시 새로운 행동을 배우지 않는 듯 보여도 아이는 늘 듣고 배우고 있다는 점을 기억하자.

공감 육아를 활용해 새로운 행동을 가르치는 건 결국 아이에게 자신과 타인에게 신체적·정서적 해를 끼치지 않는 안전한 행동으로 감정을 표현하도록 가르치는 것과 같다. 이를 통해 부모는 아이가 자신의 감정을 느끼고 심히 반응적으로 행동하지 않는 건강한 방법을 가르친다. 안전과 건강을 위해 경계와 규칙을 설정하는 건 중요한 일이다.

그러나 여기에는 행동 전체를 총괄하는 사고뇌가 필요하기 때문에, 아이가 배우는 동안 인내심을 갖고 기다려주기를 바란다. 아이가 세상을 탐색하면서 경계를 넘고, 시험하고, 또 여기에 의문을 갖는 건 발달적 측면에서도 당연한 일이다. 아이들은 이 경계 또는 규칙이 얼마나 유연한지 알고 싶어 한다. 아이의 뇌가 이 정보를 이해하고 처리할 준비가 되려면 몇백 번이고 반복해 가르쳐야 한다.

아이가 몇 시간이고 계속 운다면?

오해 19: 우는 아기를 안아줘도 큰 변화는 없다. 아기들은 어쨌든 운다.

→ 얼마나 오래 울든 간에 우는 아기를 안아주는 행위 자체가
   좋은 육아다.

영아가 생후 처음 3~4개월까지 때때로 하루 최대 5시간 이상 우는 건 드문 일이 아니다. 이런 때는 아이가 왜 우는지 그 까닭을 알아보는 게 중요하다. 물론 울음에 특별한 원인이 없는 경우도 있다. 아이의 뇌가 그저 성장 단계에 있을 수도 있다는 뜻이다. 영아 행동 전문가 제임스 맥케나James McKenna의 가설에 따르면, 장시간에 걸친 영아의 울음은 더 성장할 때까지 우선 울음을 멈추지 못하는 생존뇌 영역 때문일 수도 있다.

아이에 따라 이 시기는 몇 주에서 몇 달 동안 이어질 수 있다. 아무리 아이가 울음을 그치지 않는다 해도 부모의 양육이 효과를 내고 있다는 사실을 기억하자. 아이를 안고 공동 조절을 해주면 아이의 뇌는 스트레스를 덜 느끼고 옥시토신을 분비한다. 부모에게 안겨 있지 않은 채로 우는 것과는 정반대다.

몇 주에 걸쳐 매일같이 우는 아이와 함께 있으면서 공동 조절을 해주는 일은 엄청난 일이다. 할 수 있다면 밖에서 아기 띠에 아이를 안고 산책해보자. 접촉과 움직임, 신선한 공기가 부모와 아이 모두의 안정에 도움이 된다. 가능한 한 반드시 타인의 도움을 받는 것도 좋다. 부모가 잠시 쉴 수 있도록 서로 다른 날에 다른 가족 구성원이나 친구를 불러 아이를 안아주도록 부탁하자.

순간 아이에게 낸 짜증, 육아 실수 제대로 바로잡는 법

부모는 완벽하지 않다. 아이의 스트레스를 보살피기 위해 완벽해질 필요도 없다. 스트레스를 표현하는 아이에게 소리를 지르거나 겁을 주는 방식으로 반응할 때도 있을 것이다. 자신이 원하는 육아 방식이 아니라 자신이 길러진 육아 방식으로 아이의 스트레스에 반응하는 때도 많을 것이다.

이럴 때는 자신에게 측은지심을 갖자. 힘들기 때문에 그러한 반응이 나온 것이다. 위협이나 스트레스 상태에 처한 아이가 도움을 필요로 하는 것처럼, 부모 역시 더 많이 자거나, 혼자만의 시간을 갖거나, 도움이 필요하거나, 더 먹거나 즐거운 활동을 하는 등 무언가가 필요하다는 신호일 수 있다. 가끔 아이를 고려하지 못한 채 반응하게 되는 건 당연하고 정상적인 현상이다. 이를 완전히 피할 수는 없고, 육아에서 지향하는 점도 아니다. 아이를 충분히 양육하지 못했다고 해도 늘 바로잡을 기회가 있다.

누구나 실수를 하고, 이를 바로잡을 수 있다. 자신이 반응한 방식이 마음에 들지 않을 때는 한 템포 쉬면서 마음을 다시 가라앉히고 진정시키자. 그리고 아이가 진정될 때까지 기다리자. 그런 다음 다시 연결하고, 되짚고, 사과하고, 바로잡으면 된다. 부모가 바로잡기를 할 때 아이도 방법을 배운다. 부모가 바로잡아야 아이와의 관계가 유지되고 관계를 돌볼 수 있다. 바로잡는 과정을 살펴보자.

1. 연결하자

아이의 눈높이에서 눈을 맞추자. 아이를 만지자. 옥시토신이 분비되도록 하자.

2. 방금 일어난 일을 되짚어보자

"우리 아가가 화가 났는데, 엄마가 북받쳐서(감정) '그만해!'라고 소리를 질렀네(행동). 엄마가 말을 하기 전에 심호흡을 크게 했었어야 했는데(필요)."

3. 사과하자

"엄마가 소리쳐서 미안해. 물론 엄마도 감정이 격해질 수도 있고, 그건 괜찮아. 그렇지만 그렇게 소리를 지르는 건 전혀 괜찮지 않아. 엄마나 아빠, 너를 사랑하는 누구든 네게 소리를 질러선 안 돼."

4. 바로잡자

"필요할 땐 잠시 시간을 가지면서 너를 더 잘 보살피도록 엄마가 최선을 다할게. 앞으로 이렇게 북받쳐 오를 때는 엄마가 먼저 심호흡을 다섯 번 하도록 할게."

아이의 스트레스를 보살피지 않는 등 수개월 또는 수년에 걸쳐 올바르지 않은 방식으로 아이를 키워온 부모들에게 종종 어떻게 지난 일을 바로잡아야 하는지 질문을 자주 받는다. 답은 언제든 바로잡을 수 있다는 것이다. 생후 3개월이든, 예순이 되었든 부모는 언제든 아이를 보살필 수 있다.

아이에게 이렇게 말하며 대화를 시작하는 것이다. 가능하다면 구체적으로 설명하자. "내가 후회되는 방식으로 너를 키웠어('너와 연결감을 형성하지 못해서', '너를 바라봐 주지 못해서', '네 말에 귀 기울이지 않아서', '너의 스트레스를 보살펴주지 않아서', '네게 감정을 가르쳐주지 않아서', '내 스스로를 다스리지 못해서'). 미안하구나. 이제부터 네가 스트레스와 감정을 표현해도 되는 안정적인 사람이 되려 해. 나는 아직 배우는 중이야. 그렇지만 너는 어떤 감정을 느끼고 있으며 내가 어떤 식으로 도울 수 있는지 듣고 싶어."

내가 상담한 부모 중에는 성인이 된 자녀와 바로잡는 시간을 갖고 자녀의 정신 건강 방향을 전환한 노부부도 있었다. 이 책이 전하는 교훈들은 영아기에도 무척 중요하지만 자녀와의 평생 관계 속에서도 핵심적인 역할을 한다.

아이의 스트레스와 부모의 감정을 꼭 구별하자

아이로 인해 부모는 많은 스트레스를 느끼고 또 조절해야 한다. 영아기 내내 거듭되는 아이의 커다란 감정들은 부모의 스트레스 위협 체계를 촉발시키는데, 특히 영유아기와 아동기에 안전하고 안정된 양육자가 없었던 부모라면 더더욱 그렇다. 아이와 함께 스트레스와 감정의 롤러코스터를 타다 보면 쉽게 감정에 압도당하고 지치며 내면이 불안정해져 효과적으로 공동 조절을 하기 어려워진다. 아이는 부모가 자신의 스트레스를 처리하고 극복해 스스로를 안정시킬 수 있을 때 올바르게 큰다.

스트레스를 느끼는 아이를 돕고 공동 조절을 해주려면 아이의 스트레스와 부모의 감정을 구별하는 게 좋다. 잠시 멈춰 숨을 고르고 스스로에게 말하자. "이 스트레스는 내가 아니라 우리 아이가 느끼는 거야." "아이 때문에 내가 힘든 게 아니라, 아이가 힘들어하고 있는 거야." 입 밖으로 소리 내어 크게 말해보자. "엄마가 기저귀를 갈아주고 있어서 힘들어하는구나." "우리 아가가 지금 옷을 입기 싫구나." 그러면 이 감정을 느끼는 주체가 자신이 아닌 아이라는 사실을 귀로 직접 들을 수 있다.

연습과 도움을 통해 부모 스스로가 스트레스를 받지 않고도 스트레스를 느끼는 영아의 뇌를 발달시킬 수 있다. 아이가 느끼는 스트레스는 부모의 감정이 아니다. 아이의 감정이다. 아이의 감정을 같이 느끼려(정서적 공감) 하지 말고 이해하려(인지적 공감) 노력하자. 자신의 감정은 별개로 구분하면서 아이의 경험에 공감할 수 있다면 더 강력한 도움을 아이에게 줄 수 있다. 이렇게 하면 아이의 스트레스에 겁내지 않는 데 도움이 된다. 아이도 부모가 자신의 스트레스를 처리할 수 있다는 사실을 알아야 한다.

나는 아이에게 낮은 톤이나 노래하듯 말하는 연습을 한다. 노래나 저음으로 말하면 스트레스 상태에서 안정적 상태로 전환되기 때문이다. 나는 "무슨 일일까?", "우리 아가가 속상하구나", "엄마가 여기에 있단다"와 같은 말을 노래하듯이 혹은 저음으로 말한다.

호흡을 조절하는 것도 아주 유용하다. 배로 깊이 한 번만 숨을 쉬어도(다섯 번에서 열 번 정도 하면 훨씬 더 도움이 된다) 스트레스에서 안정적 상태로 바뀌도록 뇌가 활성화된다. 큰 소리로 공감해주는 것도 또 다른 전략이다. "우리 아가가 울고 있네. 너무 슬퍼서 음식을 흘린 거구나." "친구가 장난감을 가져가서 화가 났구나." "엄마가 이제 과자를 그만 먹으라고 해서 화가 났구나." 이 방법을 활용하면 아이와 자신의 감정을 구별하는 데 도움이 된다.

이렇게 하면 아이도 자신의 스트레스와 감정을 솔직히 드러낼 권리가 있으며 그렇게 하는 게 건강하다는 사실을 잊지 않을 수 있다.

울음을 그치지 않는 아이 – 공감 육아 실전 적용

아이가 스트레스를 느낄 때, 스스로를 다잡고 아이의 감정이 내 감정은 아니라는 것을 깨닫기 위해 반드시 도움이 필요할 것이다. 9장에서도 부모의 뇌에 도움이 될 만한 장단기 전략을 알려주겠지만, 일단 아이가 스트레스 상태에 있을 때 아이를 보살펴줄 수 있는 몇 가지 팁을 공유한다.

부모의 감정을 다잡으면 아이의 스트레스가 조절된다

명심하자. 우리 목표는 아이의 양육자가 되어주는 것이다. 아이를 평가하거나 수치심을 주거나 조건을 부여하는 게 아니다. 앞에서 다루었던 것처럼, 부모로서 곁에 존재해주며 아이가 던지는 무의식의 질문에 다시 한번 답을 해주자.

"내가 보이나요?"

숨을 들이마시고 아이를 바라보자. 아이는 지금 힘들어하고 있다. 아이가 지금 긴장해 있는가? 울고 있는가? 손을 뻗고 있는가? 통제 불능의 상태인가? 아이에게는 지금 도움이 필요하다.

"내가 여기에 있는 게 신경 쓰이나요?"

아이의 스트레스 상태에 진심 어린 걱정을 하고 있다는 사실을 보여주자. 아이의 스트레스를 귀찮아한다는 느낌이 들게 하지 말자. 아이도 사람이 느끼는 일반적인 감정을 느끼는 작은 인간이다. 결국 안정적 상태로 돌아갈 것이다. 단지 시간이 조금 걸리고 도움이 필요할 뿐이다.

"지금의 나면 될까요? 아니면 내가 좀 더 나은 아이가 되면 좋겠어요?"

아이의 모든 감정을 확실히 받아들이자. 내 아이는 스트레스를 느낄 때도 언제나 놀라운 존재이며, 스트레스 상태에서 억제되지 않은 채로 아름다운 표현을 할 때 특히 더 놀라울 수 있다. '네가 진정해야 너를 받아들일 수 있어'라는 메시지를 주지 말자. 스스로 되뇌자. "이 또한 지나갈 거야. 나는 이 감정을 감당할 수 있어."

"내가 엄마에게 특별한 아이라고 생각해도 돼요?"

스트레스 상태 속 아이의 진짜 모습을 보자. 너무 작은 존재가 감정에 압도돼 있다. 아이에겐 '잘못된' 부분이 없다. 그저 힘든 시간을 보내고 있는 아름답고 작고 소중한 존재일 뿐이다.

우는 아이에게 공감 육아로 대처하는 법

다음은 아이가 스트레스를 느낄 때 공감 능력을 활용해 아이의 요구를 들어줄 수 있는 몇 가지 방법이다. 늘 다음과 같이 시간순으로 진행되는 건 아니며, 때로 현실은 좀 더 뒤죽박죽이다.

1. 아이의 시선에서 보이는 모습을 상상해보자. 잠시 숨을 고르며 진정하면 상황을 파악하는 데 도움이 된다. 지금 스트레스를 느끼고 있는 건 부모가 아닌 아이다. 아이의 상황을 유심히 살피자. 장난감이 떨어졌거나 하는 등 원인을 쉽게 파악하는 때도 있지만, 그렇지 않을 때도 있다. 확실히 모르겠다면 일단 호기심만으로도 충분하다.

2. 아이의 행동과 감정, 욕구를 되짚으며 공감해주자. 아래와 같이 하면 된다.

① 아주 슬프다는 듯 과장된 표정을 지으며 아이가 느끼고 있을 감정을 보여준다.

② 당신이 목격하는 행동과 아이가 느끼고 있는 듯한 감정, 욕구에 이름을 붙여 말해주자. "우리 아가가 정말 서럽게 울고 있네(행동). 지금 무척 슬퍼서(감정) 엄마가 꼭 안아주길 원하는구나(욕구)."

③ 안심되는 얼굴을 보여주며 아이를 위해 당신이 여기에 있음을 말해주자. "우리 아가를 위해 엄마가 여기에 있단다."

3. 욕구를 충족해주자. 관계를 형성하자. 아이가 진정하도록 돕고, 무엇이 안정적 상태로 돌아오는 데 도움이 될지 관심을 갖고 유연성을 발휘하자. 그러한 방법 중 하나가 곁에 있어주는 것이다. "넘어져서 아프구나. 엄마가 여기에 있어." "외로워서 안기고 싶구나. 엄마가 화장실에서 나가자마자 얼른 안아줄게."

과학적 사실도 잊지 말자. 부모가 수천 번에 걸쳐 공동 조절을 해주면 편도체와 시상하부, 해마, 전전두피질로 이루어진 아이의 스트레스 체계가 모양을 잡고 발달한다. 깊은 곳에 있는 이 정서의 핵심은 영아기에 얻을 수 있는, 영아기에 집중해 발달시키면 우리 모두에게 도움이 되는 최고의 선물이다.

스트레스 상태에서 평온한 상태로 안정시킬 때마다 아이의 DNA

에 결합하는 후성유전 표지를 떠올리자. 영아기 말이 되어 완전히 자리를 잡게 될 모습을, 물려받은 트라우마 유전자를 완전히 변화시킬, 안정적인 스트레스 체계와 신경전달물질 체계, 장 건강, 그리고 인지 능력을 키워줄 모습을 말이다.

Chapter 8

아이가 졸려 하거나 잠들었을 때 - 건강한 애착을 형성하는 최고의 육아 타이밍

부모와 아이가 수면 상태에서 서로 가까이 있을 때, 두 사람의 뇌는 양육에 도움을 주는 호르몬과 신경전달물질로 가득 찬다. 아이가 밤에 자다가 깰 때, 빠르게 젖을 주거나 안아 잠들게 하면 아이의 뇌는 안정적 상태를 유지한다. 아이가 스트레스 상태에서 잠에서 깬다면 부모 뇌의 도움을 통해 다시 안정적 상태로 잠들게 할 수 있다.

임신했을 때 다들 그러더군요. "지금 자놔야지, 앞으로는 잘 시간 없어."
정말 겁이 났죠. 저는 잠이 많아요. 저는 아이의 수면을 통제하는 데 집착
했어요. 육아책과 SNS를 보며 모든 영아 수면 훈련법을 독파했죠. 아이
가 태어나자마자 저는 아이의 수면을 추적하고 또 통제하는 데만 집중했
어요. 잘 때까지 젖을 물리지도 않았고, 빡빡한 일정을 고수했어요.

가능한 모든 수면 음악 스피커를 샀고, 아이 방으로 들어오는 빛이란 빛
은 모두 차단했어요. 해야 하는 모든 일을 했지만, 제 아이의 수면 패턴은
예측할 수가 없었죠. 아기 침대에서 30분 이상을 자지 않았고, 포대기로
싸는 건 정말 싫어했어요. 고무젖꼭지도 거부했죠. 아무리 완벽하게 일상
을 기록하고 수면 환경을 조절해도 둘 다 잠을 제대로 자지 못했어요. 둘
이 끊임없이 싸우고 있는 듯한 느낌이 들었죠.

책과 SNS 계정에서 말하는 대로 하지 않는 아이에게 저는 매일 점점 더
절망했어요. 거의 자포자기한 심정에서 대안을 찾던 중에 박사님의 계정
을 발견했습니다. 거기에서 정상적인 영아의 수면과 수면이 발달하는 불

규칙한 방식에 관해 알게 되었어요. 그러곤 아이가 잠들기 전, 그리고 화를 낼 때 젖을 주기 시작했어요. 제 가슴 위에서, 침대에서는 제 옆에서 잠들도록 두었어요. 포대기는 잊고 일정도 무시했죠.

딸을 재우려고 젖을 물린 첫 번째 날, 아이가 두 시간이나 낮잠을 자더라고요! 처음이었어요. 드디어 죄책감 없이 아이와 교감할 수 있었어요. 저는 제가 심각한 산후 불안증을 겪고 있다는 걸 몰랐어요. 수면에 대한 집착이 사라지고 불안이 가라앉을 때까지 전혀 깨닫지 못하고 있었죠.

- 마라 K.

영아 수면은 아이를 키우면서 불안을 유발하는 가장 큰 요소다. 우리에겐 잠이 필요하다. 밤에 아이들이 자주 깬다는 이야기, 미디어에서 잠이 부족한 부모의 모습을 보며 걱정됐을 터이다. 부모와 아이 모두 필요한 만큼 잘 수 있도록 수면을 어느 정도 통제할 수 있다면 마음이 놓일 것이다. 나도 그러한 감정에 충분히 공감한다.

수면은 대부분의 육아 커뮤니티에서 가장 뜨거운 논쟁을 일으키는 주제다. 대부분의 부모들처럼 새벽 3시쯤 SNS나 인터넷에서 영아 수면에 도움이 되는 팁을 검색하며 스크롤을 내리는 자신의 모습을 발견한다면 아마 공감이 될 것이다.

열악한 육아 문화에서 영아 수면에 관한 지식은 대부분 과학적 사실에 기반을 두지 않은 미신에 의해 확립된다. 대개 이런 미신들이 만연해 있다. '아기를 달래서(모유 수유를 하거나, 흔들어주거나, 노래해주거나, 껴안아주는 등) 잠들게 하는 것은 나쁜 습관이고, 나중에 후회할 것이다.' '밤에 깨는 건 건강에 나쁜 문제로 고쳐야 한다.' '혼자 잠에 들고 쭉 자는 법을 부모가 훈련시키지 않으면 아이 스스로는 결코 배우지 못한다.' '아기들은 밤에 스스로 진정하는 법을 배워야 한다.'

전부 틀렸거나 증거 없는 말들이다. **아이를 달래 재우는 건 양육의 일부다. 밤에 깨는 건 건강하고 정상적인 현상이다. 수면 훈련은 아이의 수면 패턴을 바꾸지도 학습시키지도 못한다. 영아는 스스로를 진정시키지 못한다.** 우리는 정상적인 영아 수면과 이를 돕는 법(부모의 수면도 포함)에 관한 과학적 증거에 기반을 둔 올바른 정보 대신, 아이들의 신경생물학적 현실을 반영하지 않은 오래된 믿음에 따른 정보를 다수 접한다. 그 결과 아무리 잘해도 혼란에 빠지고, 최악의 경우에는 불안과 우울로 이어진다. 이 악순환을 이제는 끝내야 한다.

잠은 음식, 물, 공기만큼 우리 건강에 필요한 요소다. 수면 중 뇌는 중요한 기억과 학습 내용을 부호화하고, 뉴런 연결을 새롭게 형성하며, 성장하고, 호르몬을 분비하며, 노폐물을 제거하고, 상처를 치유하며, 면역 체계를 조절하고, 스트레스를 낮추며, 생명을 유지한다. 잠자는 시간은 영아기의 상당 부분을 차지하는데, 영아는 생애 첫 3년, 절반이 넘는 시간을 자는 데 쓴다. 낮잠과 밤잠 시간은 아이의 스트레스 체계와 전체 뇌를 발달시키는 소중한 기회다.

수면 중의 양육은 아이가 깨어 있을 때 양육하는 것과는 다른 고유한 이점이 있다. 양육을 통한 수면은 발달 중인 영아 뇌의 스트레스 체계는 물론 기타 체계를 성장시켜 여러 정신적·신경학적·신체적 질병에 대한 회복탄력성을 강화하는 방향으로 뇌 연결을 생성한다.

알고 있듯이, 아이는 부모의 뇌가 안정적 상태에 있어야 아이 역시 잠들 정도로 충분히 안전하다고 느낀다. 부모와 아이가 함께 자는 동안에는 서로의 뇌파가 조화되고 동기화될 수 있으며, 이는 아이가 자는 내내 수면을 강화하고 뇌 발달을 촉진한다. 수면 중 영아 뇌를 돌보면 뇌파가 건강한 뇌로 발달하도록 바뀐다.

수면 상태 중 옥시토신이 분비되면 수면의 질이 바뀌어 스트레스 체계와 기타 뇌 체계의 발달에 영향을 미친다. 밤에 아이가 깨어 다시 잠이 들도록 달랠 때 부모는 자신의 안정적 상태를 활용해 아이가 다시 잠이 들 수 있도록 안정적 상태로 되돌린다.

부모 역시 회복성 수면을 취하고 스트레스와 불안이 줄고, 옥시토신 수치가 증가하는 등 아이가 보내는 안전 신호의 혜택을 받는다. 부모의 뇌는 아이와 떨어져 있을 때와 가까이 있을 때 다른 방식으로 잠을 잔다. 아이 가까이서 잠을 자면 발달하고 있는 부모의 뇌가 더 성숙해져 깨어 있는 동안 더 양질의 양육이 가능하다.

영아의 수면을 돕는 일은 아이에게 잠이 안전과 휴식이라는 사실을 가르치는 것과 같다. 이렇게 형성된 연관성은 평생 유지된다. 이것이 중요한 이유는 수면이 삶의 모든 단계에서 정신적으로나 신체적으로나 건강에 필수적이기 때문이다.

수면 훈련이 아이의 뇌에 결코 좋지 않은 이유

영아 수면 훈련은 아이가 부모의 도움 없이 혼자 잠에 들고, 잠시 깨도 다시 자도록 할 수 있다고 믿는 전혀 근거 없는 과정이다. 훈련 형태는 다양한데, 가장 일반적인 최종 목표는 저녁 7시쯤 아이를 아기 침대에 누이면 부모 없이도 스스로 잠에 들고, 다음 날 아침 7시 부모가 다시 돌아올 때까지 쭉 자게 하는 것이다.

수면 훈련은 영아의 수면이 예측 가능하며 일정에 따라야 한다는 생각을 갖게끔 한다. 낮잠은 매일 정해진 때에 시작되어 정해진 시간 동안 자야 하며, 밤잠도 매일 저녁 정확히 같은 시간에 시작되어야 한다. 수면 장소도 늘 같은 곳이어야 한다.

정말 깔끔하게 들린다. 수면 훈련은 수면을 부모가 통제할 수 있다고 설득한다. 규칙(엄격하게 지키는 '깨어 있는 시간', 아이가 우는 소리에 '굴하지' 않기 등)을 따르고 필요한 제품을 구매하면(아기 포대기, 내리닫이 잠옷, 수면 사운드 스피커, 수면 훈련 강의 및 개인 교습) 당신의 아이는 예측 가능하고 통제 가능한 방식으로 잘 수 있다고 말한다. 귀가 쫑긋 서지 않을 수 없다.

그러나 사실 수면 훈련은 뇌과학적 뒷받침도 없고 과학적 증거에 기반을 두지도 않는다. 트라우마나 신경계에 바탕을 두지도 않고, 정신 건강에 바탕을 두지도 않는다. 유아 뇌에 대한 유효성이나 안전성에 관련된 증거가 전혀 없다. 그저 '예전에 이렇게 하니까 되더라' 하는 식의 관행을 따르는 것일 뿐이다.

심지어 특별한 효과도 없다. 200명의 영아를 대상으로 한 연구에 따르면, 수면 훈련 결과 가정에서 수면 훈련을 받은 영아의 14퍼센트만이 밤에 부모를 부르지 않고 혼자 잘 수 있는 것으로 나타났다. 아이들이 배우는 건 어떻게 자느냐가 아니다. 부모를 부르는 신호를 보내지 않는 법이다.

다양한 수면 훈련법이 있지만 공통적인 것이 있다. 혼자서도 잠에 들어야 하며 잠들 때까지 부모가 달래주지 않으리라는 사실을 '알' 때까지 어느 정도는 내버려두어야 한다는 것이다. 방에 앉아 있는 동안 아이가 울어도 안지 말고 내버려두라고 하는 방법도 있고, 정해진 시간 간격을 두고 방을 나갔다가 들어와서 아이를 안지는 말고 만지거나 대화만 하다가 다시 방을 나가라고 가르치는 방법도 있다.

모든 사례에서 아이와의 관계 형성은 빠져 있다. 돌봄을 제공하지 않거나 아이에게 반응하지 않는 방식의 돌봄만을 제공한다. 눈맞춤도 권하지 않는다. 가장 극단적인 예에서는 부모가 12시간 동안 방을 나가 있어야 하며, 아이가 울어도 그칠 때까지 그냥 두라고 가르친다. 다수의 접근법이 아이가 토하거나 설사를 해도, 과격하게 머리를 흔들거나 머리를 찧어도, 매트리스를 때리거나 아기 침대를 물어도, 소리를 지르거나 기타 괴롭다는 신호를 보여도 괜찮다고 말한다. 부모 입장에서 듣고 견디기 힘들겠지만, 아이의 수면은 아주 중요하기 때문에 아이 건강을 위해 이렇게 해야 한다고 주장한다.

수면 훈련이 영아의 뇌와 스트레스 체계에 미치는 영향에 관해서는 제대로 수행된 연구가 그리 많지 않다. 다만 수면 훈련이 밤에 깨는 것을 멈추지도 않고, 영아의 수면 시간이나 수면 구조의 질을 바꾸지 않음을 측정 가능한 방식으로 보여주는 연구 결과는 있다. 그렇다면 영아가 수면 훈련을 받으면 어떤 일이 일어날까?

대부분의 아이는 히스테리 상태에서 울고, 토하고, 설사하고, 몸부림치는 스트레스 반응을 몇 분이나 몇 시간 지속한다. 공동 조절하기 위해 아무도 오지 않거나 반응하지 않으면 위협에 대한 아이의 반응은 경직과 해리 반응으로 변하며, 이는 잠에 드는 것으로 이어질 수 있다.

며칠에서 몇 주, 몇 개월에 걸친 수면 훈련 과정이 끝나고 나면 아이들은 그간 훈련된 환경에 따라 곧장 경직, 해리, 수면 반응으로 넘어간다는 주장도 있다. 일부 아이들은 페인트가 다 벗겨질 때까지 아기 침대를 씹거나, 머리를 계속해서 문지르거나, 봉제 인형이나 담요, 고무젖꼭지를 반복해서 문지르거나 씹는 등 스트레스에 대처하는 다른 방법을 찾는다.

다시 말해, 일부 영아는 수면 훈련을 받고 나면 실제로 아기 침대에서 조용해지기는 하나, 아이는 안정적 상태가 아닌 두려운 스트레스 상태에서 잠에 드는 것이다. 아이는 이제 스트레스 상태에서 자신을 위해 아무도 오지 않으리라는 것을 알고 있어 도움을 구하는 신호를 굳이 보내지 않게 된다. 주변에 자신을 도와줄 사람이 아무도 없을 때 신호를 보내는 기능을 멈추는 영아의 선천적인 생존 메커니즘이 작동한 것이다.

수면 훈련은 영아의 뇌가 오래 지속되거나 심각한 유해 스트레스를 경험할 위험에 처하게 한다. 영아 뇌는 해마와 전전두피질의 정지 신호가 힘을 잃음에 따라 스트레스를 조절하는 능력이 저하되면서 편도체와 시상하부가 과민하게 반응하도록 발달할 위험에 처한다.

확실한 건 이것이다. 아이들은 낮에 공동 조절을 해주어야 할 부모가 필요하다. 공동 조절하는 법은 시간이 지남에 따라 성숙하는 발달 과정이므로 낮은 물론 밤에만 선택적으로 이를 가르칠 수 없다. 영아는 양육자로부터 얻는 감각 입력을 통해 성장한다. 부모의 신체, 움직임, 냄새, 소리 모두 아이에게 굉장히 중요한 양육으로 작용한다.

아이가 안전하게 주변을 탐색하고 놀고 배우려면 부모 뇌의 도움을 받아야 한다. 부모의 뇌는 아이들에게 반응하도록 배선돼 있다. 아이들의 울음을 더 뚜렷하게 듣고 느끼고, 반응하도록 배선돼 있다. 밤이라고 달라질 이유는 무엇인가? 수면 훈련을 할 때 부모가 아이의 찢어지는 듯한 울음소리를 듣고 달려가고자 하는 본능을 거부할 수 있도록 아이를 조용하게 만드는 이유는 무엇인가?

영아는 혼자 잠에 들어 되도록 덜 깨면서 아침까지 쭉 자거나, 스스로를 진정시키거나, 밤에 부모를 찾지 않는 법을 배울 수 없다. 영아는 이미 잠자는 법을 알고, 이는 엄마 배 속에 있을 때부터 쭉 따라왔던 방식이다. 스스로를 진정시키는 능력은 뇌가 더 발달해야, 만 3세가 지나야 키울 수 있다.

영아도 충분히 수면을 취할 줄 아는 뇌를 가지고 태어났다. 단지 성인과 그 방식이 다를 뿐이다. 성인의 경우, 일반적으로 야간 수면 시간이 길고 밤에 깨도 알아서 다시 잠들 수 있다. 낮잠은 거의 자지 않는다. 영아의 경우, 수면 시간이 더 짧고 배고프거나 목말라서, 곁에 누가 없어서, 공동 조절이 필요하기 때문에 밤에 깬다. 또한 낮잠도 자야 한다. 부모는 정상적인 영아 수면이 무엇인지 올바르게 이해해야 한다.

이전에 영유아기나 아동기에 있는 자녀를 대상으로 수면 훈련을 한 적이 있다면, 여전히 바로잡을 기회는 있다는 점을 기억하자. 아이의 수면을 올바르게 도와주고 수면과의 관계를 고칠 수 있다.

먼저 아이를 안고 눈을 맞추는 데서 시작하자. "침대에서 울고 있는데도 엄마가 도와주러 오지 않았네. 그래서 화가 나고 슬프고 무서웠을지도 모르겠구나. 엄마는 그게 네게 필요한 일이라고 생각했어. 하지만 이제 그게 틀렸다는 걸 알았단다." 그리고 사과하자. "우는데도 엄마가 오지 않아서 미안해. 엄마는 그게 널 위한 거라고 생각했어. 하지만 실은 그때 우리 아가에게 엄마가 필요했던 거지."

마지막으로 바로잡자. "엄마는 늘 너를 도와주고 싶고, 밤에도 낮에도 네가 어떤 감정을 느끼고 있는지 늘 궁금해. 앞으로 네가 울면 엄마가 대답할게. 어느 때고 엄마에게 기대도 된단다."

영유아든 아동이든 아이가 삶의 어느 단계에 있다 하더라도 부모는 낮잠과 밤잠을 가리키는 수면 신호를 이해하고, 밤새 혹은 일부 시간 동안 가까이서 자고, 자는 동안 서로 연결되고, 아이가 잠들 때 함께 있고, 밤에 깨면 반응해주고, 필요하면 기꺼이 부모 곁에서 자도록 해야 한다.

정상적인 영아기 수면 패턴 제대로 이해하기

오해 20: 아기는 매일 낮잠을 4시간 자고, 저녁 7시부터 아침 7시까지 밤잠을 자야 한다.

→ 아기마다 수면 욕구는 각기 다르다. 안전하고 편안한 수면 환경에서 아이의 뇌가 필요로 하는 만큼 자면 된다.

우리 신체에서는 두 가지가 수면을 지배한다. 첫 번째는 하루주기 리듬circadian rhythm, 두 번째는 항상성 수면 욕구homeostatic sleep drive이다. 두 가지 모두 영아에게서는 독특하게 나타난다.

'하루주기 리듬'은 뇌에서 생성되는 하루 24시간을 주기로 하는 리듬이다. 수면과 각성 상태, 호르몬 생성, 체온, 신진대사, 수유 간격 등 신체의 많은 과정이 하루주기 리듬에 따라 돌아간다. 우리가 매일 일정한 시간대에 깨고 잠에 드는 것도 하루주기 리듬 때문이다. 하루주기 리듬은 우리 신체에 밝은 낮 시간대에는 깨어 있고 어두운 밤 시간대에는 수면 상태에 있으라고 지시한다. 하루주기 리듬의 신호는 햇빛, 온도, 먹는 것과 같은 규칙적인 일상 활동에 따라 발생한다.

영아의 경우, 하루주기 리듬이 아직 발달되지 않은 상태로 태어나기 때문에 깨어 있을 때는 낮이고 잘 때는 밤이라는 구분을 명확히 하지 못한다. 하루주기 리듬은 생후 6주에서 18주 사이에 발달하기 시작한다. 그전에는 아기의 각성 및 수면 상태가 24시간 전체에 걸쳐 분포돼 있으므로 전체 수면이 밤 시간대에 집중되지 않는다. 이 시기가 지나면 아이는 밤에 더 많이 자고 낮에는 더 깨어 있는 패턴을 보이게 된다.

'항상성 수면 욕구'는 깨어 있는 시간이 길수록 잠에 대한 욕구도 커지는 것을 뜻한다. 깨어 있는 동안 우리 뇌는 수면 유도 호르몬과 신경전달물질을 생성해 졸음이 오게 만든다. 자는 동안에는 반대 현상이 일어난다. 뇌가 각성 유도 호르몬과 신경전달물질을 생성해 어느 정도 수준에 이르면 우리는 잠에서 깬다. 이 과정 역시 영아에게는 아직 발달되지 않은 상태다.

우리가 깨어 있을 때 생성되는 수면 유도 신경전달물질의 일례로 아데노신Adenosine을 들 수 있다. 아데노신은 뇌가 에너지를 사용할 때 만들어진다. 자는 동안에는 반대로 아데노신 같은 수면 유도 신경전달물질은 줄어들고 시간이 지나면 잠에서 깨게 된다.

영아의 경우, 수면을 유도하는 아데노신이 성인보다 더 빨리 축적되기 때문에 낮잠을 자야지만 수면에 들게 만드는 압력을 해소할 수 있다. 더욱이 자는 동안 아데노신이 줄어들기 때문에, 영아가 밤이 시작할 때 오래 자고 후반부로 갈수록 자주 깨는 것이 일반적이다.

잠이 깨는 데 도움이 되는 호르몬의 예로는 코르티솔을 들 수 있다. 성인의 뇌는 보통 아침에 코르티솔 수치가 가장 높고 하루를 보내면서 수치가 점차 감소하는 완전히 발달된 코르티솔 리듬을 보인다. 그러나 영아의 경우 3세가 지나야 코르티솔 리듬이 발달하기 시작하기 때문에 종일 낮잠을 자면서 성인보다 더 자주 코르티솔을 해소해주어야 한다.

수면은 걷기나 말하기와 마찬가지로 영아에게 나타나는 발달 과정의 하나다. 시간이 지나면 아이의 뇌와 신체는 밤에 부모의 도움을 덜 받아도 더 긴 시간 잘 수 있을 정도로 성숙한다. 영아의 하루 주기 리듬과 항상성 수면 욕구는 시간이 지나며 발달한다. 갓난아이는 하루 대부분의 시간을 자는 데 쓰지만 세 살짜리 아이는 낮잠을 덜 자거나 아예 자지 않듯, 아이의 뇌가 발달함에 따라 수면 방식도 달라진다. 이 과정에 특별히 무언가를 해줄 필요는 없다. 인간 발달의 정상적인 과정이기 때문이다.

영아 수면의 단계는 다음과 같다.

- 기면: 잠에 빠져들기 직전의 상태다. 피곤하다는 신호를 보내고, 몸이 이완되며, 호흡이 불규칙해진다. 이때 완전히 잠에 들도록 부모가 도와줄 수 있다.
- 활동 수면 또는 렘REM수면*: 깨기 쉬운 얕은 수면 상태이며, 불규칙하

---

* REM은 rapid eye movement(급속안구운동)의 약자로 흔히 '렘수면'이라고 한다.

게 호흡하고 눈꺼풀 아래서 눈이 떨리며, 표정을 짓거나 소리를 낸다. 대다수 아이가 이 상태에서 부모 가까이서 자기를 원한다.

- 비활동 수면 또는 비렘NREM수면*: 깊은 잠에 빠져 잘 깨지 않으며, 호흡이 규칙적이고 얼굴도 평온하다. 팔다리도 축 늘어져 있다. 필요하다면 아이에게서 떨어지거나 혹은 곁에서 돌봐주기 좋은 상태다.

24시간 중 몇 시간을 자는지는, 필요한 수면 시간은 얼마나 되는지는 아이마다 다르다. 신생아의 경우 권장되는 수면 시간은 14~17시간이나, 11~19시간 정도가 알맞을 수 있다. 4~11개월 영아의 경우 권장 수면 시간은 12~15시간이나, 10~18시간이 알맞을 수 있다. 12~24개월 아이라면 11~14시간이 권장되며, 9~16시간 정도면 적절할 수 있다. 생후 24개월에서 만 5세 사이 유아의 경우 10~13시간이 권장되며, 8~14시간 정도면 적절하다.

이 권장 사항에 밤에 자는 시간과 낮에 자는 시간이 구분돼 있지는 않다. 이건 아이만이 알려줄 수 있는 정보다. 6시간과 8시간 사이의 시차가 꽤 크다는 점에 주목하자.

밤에 자주 깨는 아이, 괜찮은가요?

오해 21: 3~36개월 때의 아기가 밤에 깨는 것은 아기 몸에 나

---

* NREM은 non-rapid eye movement(비급속안구운동)의 약자로, 흔히 '비렘수면'이라고 한다.

쓰거나 불필요하다.

→ 밤에 깨는 것은 영아 수면의 일부이며, 뇌가 발달하면서 자
연스럽게 더 이상 깨지 않게 된다.

오해 22: 아기가 혼자 다시 잠드는 법을 배우려면 수면 훈련이
필요하다.

→ 아기들은 늘 자라고 있다. 뇌 발달 과정에서 큰 변화를 겪으
면 간혹 더 자주 깨는 경우가 있다. 이 시기가 지나면 뇌가
더 발달하며 수면 패턴도 안정된다.

밤에 깨는 것은 영아 수면의 정상적인 특징이다. 아이는 밤중에
깨 수유나 수분 공급, 접촉, 스트레스 공동 조절, 불편함, 외로움, 무
서움 등 욕구를 해소해야 할 때 부모에게 신호를 보낸다.

아이가 3세 정도가 될 때까지는 계속 밤에 깰 거라고 생각해야
한다. 영아기 내내 지속될 가능성이 높으며, 예상보다 일찍 이 과정
을 떼면 깜짝 선물로 받아들이면 된다. 밤에 안 깨더니 어느 날 갑
자기 다시 깨기 시작해도 놀라지 말자. 대부분은 3세까지는 계속해
서 부모를 찾는다. 6세에서 8세 이후에도 밤에 부모를 찾는 아동들
도 있다.

영아에게 깨지 말라고 가르칠 수는 없으며, 자녀의 나이가 몇이
든 밤에 생존뇌가 보내는 신호에 반응해주어야 한다. 영아는 밤에
여러 번 깨도 충분한 휴식을 취하고 아침을 맞이한다. 밤에 여러 번

깬다고 해서 잠을 충분히 자지 못한 게 아니다. 이는 영아 수면 패턴의 일부다. 12개월 미만 영아가 밤에 깨는 것은 영아돌연사증후군SIDS으로부터 뇌를 보호한다.

밤에 깼다고 해서 위험한 건 아니며, 밤에 더 자주 깨는 아이일수록 우수한 사회적·정서적·인지적 발달을 보인다. 밤에 깨는 것이 부정적인 결과로 이어진다는 증거는 없다. 오히려 나는 자주 깨는 아이를 둔 내담자들에게 수면을 잘 돌봐주면 대개 아이가 자라 똑똑해지는 긍정적인 면이 있다고 말해주곤 한다.

영아는 수면 주기가 끝날 때마다 한 번씩 깰 수 있는데, 수면 주기는 45~60분이다. 성인의 수면 주기는 90분이다. 갓난아이는 보통 수유를 위해 1~4시간마다 깬다. 생후 3~4개월이 지나면 여러 차례의 수면 주기를 보내거나 신호를 보내지 않고 2~6시간, 때로는 6~10시간 이상의 통잠을 잘 수도 있다. 그러나 일반적으로는 영아는 1~3시간을 자고 나면 신호를 보내고 밤중에 1~4회 이상 양육자를 찾는 것이 정상이다.

3세가 되어가면서 밤에 깨는 횟수가 줄어들면서 더 안정된 수면을 취하기도 하고 다시 횟수가 늘면서 불안정한 수면을 취하는 시기를 거치기도 한다. 기거나 걷거나 말하는 등 새로운 기술을 배우고 분리 불안과 같은 심리적 변화를 겪을 때는 뇌가 폭발적으로 발달하는 시기이므로 더 자주 깨면서 잠자기 어려워할 수도 있다.

수면 패턴 변화를 보이며 발달이 집중적으로 일어나는 시기는 아이마다 다르지만, 수면 구조가 변하는 4~6개월, 분리 불안이 최고조에 이르는 9~12개월, 정서·인지·운동 회로가 발달하는 18~24개월을 전후로 해 수면의 불안정함을 확인할 수 있다.

무엇이 정상적인 영아 수면인지 아는 것이 중요하다. 그래야 비현실적인 기대를 버리고, 뇌가 충분히 발달하기도 전에 아이를 어른처럼 잠을 자도록 훈련시킬 수 있다는 그릇된 믿음을 바로잡고, 섬세한 발달의 시기에 부모와 아이의 수면에 도움이 될 구체적이고 실용적인 방법을 찾을 수 있기 때문이다.

영아는 밤에 1~4회 이상 잠에서 깨는 것이 맞다. 자면서 부모와 가까이 있고 또 부모가 자신을 달래주길 바라는 것이 맞다. 영아기이므로 당연하다.

아이가 계속 밤에 깬다면 체크해 보아야 할 것들

밤에 깨는 것은 정상이지만, 주의해야 할 위험 신호가 몇 가지 있다. 부모의 직감에도 귀를 기울이자. 다음의 위험 신호 중 하나라도 발견하거나 아이가 깨거나 자는 패턴이 어딘가 이상하다는 느낌이 들면 신뢰할 수 있는 알맞은 의료 전문가에게 문의하자. 아래는 가장 흔히 발견되는 위험 신호들이다.

수유 및 소화

신생아서 막 수유를 시작하는 단계로, 모유 수유가 잦거나 혹은 뜸한 경우에 해당한다. 아이의 수면 간격이 너무 짧고 계속해서 젖을 먹거나 혹은 아이가 무척 졸려 하며 1~4시간이 지나도 젖을 먹지 않는다면, 젖이 제대로 전달되지 않고 있는 것일 수도 있다. 이럴 때는 전문의에게 문의하자. 젖을 제대로 먹지 못하는 또 다른 원인일 수 있기 때문이다.

방귀나 역류, 소화불량이 있거나 대변에 점액질이 섞여 나오거나 변비가 있는 경우에도 소아과 전문의에게 문의하자. 아이가 모유나 분유 성분에 민감하게 반응하는 것일 수 있다.

호흡

코를 골거나 입을 벌리고 호흡하는 경우에 해당한다. 이비인후과 전문의나 소아치과 전문의에게 진찰을 받자. 설소대 단축증이나 순소대 단축증을 교정해야 하는 경우에는 소아치과 전문의와 상담하자.

신체적 불편감

목 돌리기를 불편해하거나 양쪽 가슴을 빨지 못하거나 특정 자세에서 통증을 느끼는 경우에 해당한다. 이는 아이가 배 속에서 거꾸로 있었기 때문일 수도 있고, 모든 유형의 출산이나 구강 내 제약 사항의 결과일 수 있다. 소아과 전문의에게 문의하자. 다리를 불편해하는 하지불안은 주로 철분이 부족하다는 신호다. 소아과 전문의에게 철분과 그 외 결핍은 없는지 검사를 받자.

감각 처리

쉽사리 진정하지 않아 잠들지 못하거나 촉감, 소리, 맛, 빛 그리고 움직임 등의 자극에 과민하게 반응하거나 혹은 충분히 반응하지 않는 경우, 잘 넘어지거나 행동이 둔한 경우, 움직임에 대한 두려움 또는 과도한 움직임을 보이는 경우, 자세를 잘 바꾸지 못하는 경우에 해당한다. 이 또한 전문의와 상담하기를 권한다.

아이의 수면이 문제라면 특히 신중히 상담하자

오해 23: 아이가 밤에 잠들지 못할 때는 수면 훈련이 답이다.
→ 아이가 밤에 잘 못 자는 게 걱정된다면 의학적 문제는 없는지, 감각 처리에는 문제가 없는지 먼저 알아보자.

발달 중인 영아의 스트레스 체계나 정상적인 영아 수면에 관해 아예 모르거나 잘 모르는 소아과 의사가 많다. 영아 수면에 도움을 주지 않는 한 이들에게 의지해서는 안 된다. 모유 수유나 영양 공급, 감각 처리, 기도 문제도 마찬가지로 해당 분야의 전문가와 상담해야 한다. 발달 중인 아이의 뇌를 믿고 맡겨야 하는 사람이므로 신중하게 선택해야 한다. 만약 어떤 전문가가 분리나 격리, 아이에 대한 부모의 반응을 제한하는 등의 방식으로 스트레스에 개입할 것을 제안할 경우, 아이를 위해 적절한 지원을 해줄 다른 전문가를 찾아보자.

아이의 수면 문제를 '고치기' 위해 젖을 떼라거나, 이유식을 시작하라거나, 격려하라거나, 덜 반응해주라거나, 수면 훈련을 해야 한다고 권한다면 주의해야 한다. 수면 문제의 이면에 의학적 원인이 있는 건 아닌지 진지하게 조사하면서도 아이의 수면을 계속해서 보살피겠다는 부모의 결정을 지지해줄 수 있는 전문가인지 확인해야 한다. 아이의 건강을 염려하는 부모에게 수면 훈련을 하라는 권유는 부주의하고 잠재적으로 위험하며, 부모와 아이에게 무례한 행동이다. 수면 훈련은 의학적 문제를 해결하지 못한다.

현실적인 0~3세 수면 육아의 정석

그렇다면 영아 수면은 어떻게 양육해야 할까? 영아 수면 양육은 간단히 말해 하루주기 리듬의 발달을 돕고, 피곤하다는 아이의 신호를 알아차리고, 아이가 피곤할 때 잘 수 있도록 환경을 조성해주며, 낮잠이나 밤잠 시 혹은 밤에 깰 때 공동 조절과 수유, 껴안거나 흔들거나, 안아주면서 잠들도록 돌봐주고, 아이를 곁에 두고 자고, 주변의 도움을 받아 부모의 수면도 챙기는 것이다. 영아 수면에도 기술이 있다. 그러나 기본 원리는 간단하다.

먼저 부모부터 안정되어야 한다

낮잠이든 밤잠이든, 아이가 빨리 잠들기를 바랄 때 오히려 잠드는 데 시간이 더 오래 걸린다고 느낀 적이 있는가? 여기에는 그럴 만한 이유가 있다. 아이가 잠들려면 양육자가 안전 신호를 보내주어야 한다. 양육자의 신체가 흥분감이나 기대감, 스트레스를 느낄 때 아이는 관심을 기울여야 할 것이 있으니 지금은 자지 않는 편이 좋다는 신호를 받는다. 부모의 스트레스가 상승하면 아이는 이를 느끼고 안전함을 느끼지 못해 잠들기 어려워한다. 귀찮고 가끔은 불편하다는 걸 안다. 그러나 부모의 안정이 영아 수면의 기본이다.

그러므로 밤잠이나 낮잠 시간에 최대한 스스로 안정 상태를 유지하고, 스트레스에 주의하자. 감정이 고조되거나 스트레스가 높아지는 듯하다면 스스로를 안정시키도록 노력하자. 많은 부모가 저녁과 낮잠 시간에 아이의 수면을 돕기 위한 최상의 상태를 만들기 위해 호흡이나 마음챙김 수련을 하거나 이어폰을 끼고 라디오나 오디오북을 듣는 등 자기만의 특별한 스트레스 조절법을 실행한다. 이는 아이의 수면을 돕는 동시에 부모도 쉴 수 있는 기회다. 부모 자신을 돌보는 법에 관해서는 9장에 더 자세히 설명할 것이다.

하루주기 리듬 관리해주기

낮의 자연광, 밤의 어둠 및 낮은 온도와 같은 신호는 신생아의 하루주기 리듬의 발달을 돕고, 영아기부터 성인기에 이르기까지 수면에 도움을 준다. 아침과 낮에는 창문이나 외출을 통해 아이를 햇빛에 노출시키고, 저녁에는 잠들기 1~2시간 전부터 조도를 낮추자.

햇빛에 눈을 뜨고, 아침에 선글라스를 쓰지 않고 10~15분 정도 외출해서 눈을 통해 햇빛이 들어온다는 신호를 하루주기 리듬에 알려주자. 그리고 오후에 다시 10~15분 정도 외출하고, 저녁에는 전체적으로 조도를 낮추자. 계절 때문에 햇빛을 쐬기 어렵다면 라이트박스를 활용하자. 라이트박스는 태양빛의 스펙트럼, 특히 청색광 주파수를 모방한다. 조도를 낮출 때는 블라인드나 전등, 촛불, 청색광 주파수를 내지 않는 전구 등을 활용하자. 저녁에 섭씨 16~20도 정도로 온도를 서늘하게 설정하면 아이는 물론 어른의 수면도 촉진한다.

정해진 일상도 하루주기 리듬을 최적화할 수 있다. 아이가 비슷한 시간대나 순서로 밥이나 간식을 먹고 외출하거나 정해진 시간대에 신체 활동을 한다는 것을 익힐 수 있다.

아이의 수면 신호에 귀 기울이기

오해 24: 아이가 잠드는 시간, 깨는 시간, 낮잠 시간은 정해져 있다.

→ 피곤하면 아이의 뇌가 신호를 보내고, 성장에 필요한 만큼 의 수면을 취할 것이다.

온라인에 떠도는 정보들을 보면 셀 수 없을 정도로 다양한 영아 수면 시간표가 있다. 이런 시간표들은 간단하게 똑 떨어져서 매력적으로 보인다. 그러나 여기에는 아무런 과학적 근거가 없으며 함부로 따라 해서는 안 된다. 언제 자야 하는지 아는 유일한 사람은 아이 자신뿐이다. 낮잠은 언제 자야 하고 취침은 저녁 7시에, 기상은 오전 7시에 해야 하는 정해진 시간표에 따르지 말고 아이의 리듬과 신호를 기준으로 삼자. 아이가 신호를 보내는 타이밍이 현대인의 삶과는 맞지 않을지도 모르지만, 아이는 그런 걸 모른다.

아이의 수면을 최적화할 수 있도록 피곤할 때 보내는 아이가 신호를 알아두자. 아침이나 낮잠을 자고 있을 때는 깨우지 않는 것이 좋다(어린이집에 보내는 등 특별한 이유가 없다면). 뇌 발달에 필요한 수면 주기를 완전히 채우도록 하는 것이 좋다. 아이와 함께 시간을 보내며 내 아이만의 신호, 즉 수면을 유도하는 수면 압력이 충분히 쌓여 이제 잘 준비가 되었다는 신호를 파악하자.

| 표 3 | 영아가 흔히 보이는 피곤하다는 신호

초기 신호	• 눈썹 부근이 붉어진다. • 눈을 피한다. • 머리를 돌린다. • 멍하게 쳐다본다.
피곤 신호	• 하품한다. • 눈을 비빈다. • 귀를 당긴다. • 머리카락을 당긴다. • 신경질을 부린다. • 손가락을 빤다. • 얼굴을 찌푸린다. • 안아달라고 보챈다. • 행동이 굼떠진다. • 장난감에 흥미를 보이지 않는다.
후기 신호	• 심하게 운다. • 등을 활모양으로 휜다. • 주먹을 쥔다.
극도의 피곤 신호	• 심하게 운다. • 등을 활모양으로 휜다. • 과민하게 군다.

〈표 3〉에는 피곤을 느끼는 아이에게 흔히 발견할 수 있는 신호가 정리돼 있다. 아이에게 표에 있는 신호가 나타날 수도 있고 나타나지 않을 수도 있다. 모든 아이는 다르기 때문에 함께 시간을 보내봐야 아이의 수면 신호를 알아낼 수 있다. 일부 아기들의 경우 신호를 알아내는 일이 조금 더 어려울 수 있다. 이 과정에서 시행착오를 겪는다고 해도 마음을 조금 여유롭게 갖자. 아이가 성장하면서 수면 신호는 변할 수도 있다. 변화를 알아차리려면 아이와 계속해서 함께 시간을 보내야 한다.

피곤하다는 신호를 보내는 것은 낮잠이든 밤잠이든 잠자기 위한 환경을 만들어달라는 뜻이다. 환경을 만들어주어도 실제로 잠들 수도 있고 아닐 수도 있다. 가끔은 신호를 놓치거나 잘못 알아듣는 때도 있을 것이다. 신호를 놓쳐서 아이의 피곤이 누적되면 안정을 찾기 더 어려워할 수도 있다. 신호를 잘못 이해했다면 다시 돌아가 피곤해할 때까지 놀아주면 된다.

가끔은 낮잠이나 밤잠 타이밍을 정확히 맞추기 위해 여러 차례 시도해야 할 때도 있다. 뒤죽박죽인 느낌이 들 수도 있지만, 그게 정상이다. 아이는 로봇이 아니라 인간이다. 성인과 마찬가지로 아이의 수면 욕구도 변덕을 부릴 수 있다. 아이가 너무 피곤하다고 하든, 아직은 피곤하지 않다고 표시하든 귀를 기울이고 반응해주면서 유연하게 아이와의 관계를 유지하자.

아이가 피곤 신호에 따라 알아서 깨도록 하면 뇌가 필요한 만큼의 수면을 취할 수 있다. 불규칙하게 낮잠을 자거나, 오후 6시에 잠들어 밤 11시에 깨거나, 어제는 오전 6시였다가 오늘은 오전 11시에 깨는 등 수면 패턴은 다양한 형태로 나타난다. 사람들이 내게 아들이 낮잠을 몇 번이나 자는지 물었을 때 나는 답할 수 없었다. 세지 않았기 때문이다. 아이를 지켜보다가 졸려 하면 재우고, 알아서 깨게 하고, 다시 지켜보는 걸 반복했다. 낮잠을 몇 번이나 자고 몇 시간이나 자는지는 신경 쓰지 않았다.

아이가 자라면서는 낮잠 시간을 좀 더 예측할 수 있게 됐다. 2세가 되기 전까지는 저녁 8시쯤 잠들었고, 시간이 지나자 낮잠 시간이 바뀌었다. 2세가 되자 취침 시간은 오후 10시로 바뀌었다. 이런 패턴은 무척 흔하며, 아이들이 늦게 잠자리에 들 때 부모들은 대개 좀 더 빨리 자러 가기를 바란다. 그러나 이는 어른들을 위한 바람이지, 발달하고 있는 아이의 뇌를 위한 바람이 아니다.

명심하자. 세상에 하나뿐인 당신의 아이가 언제 깨고 낮잠을 자야 하는지, 몇 시간을 자야 하는지 말해줄 수 있는 어른은 아무도 없다. 이 정보는 아이의 몸이 제공한다. 수면은 영아 뇌 발달에 필수적이며 기본적인 인권이므로, 부모는 아이가 원하는 만큼 잘 수 있도록 도와주어야 한다.

잠들 때까지 보살펴주기

오해 25: 아이가 다시 잠들려면 자극을 최소한으로 줄여야 한다.

→ 밤에 아이를 달랠 수 있는 각자에게 맞는 가장 편안하고 쉬운 방법을 택하는 편이 좋다.

오해 26: 3개월이나 6개월, 12개월, 24개월, 36개월이 되면 밤중 수유를 멈춰야 한다.
→ 태어나 3세까지의 영아기가 지난 뒤에도 아이들은 밤에 목마름이나 배고픔을 느낄 수 있다.

아이를 재우는 가장 좋은 방법은 아이가 가장 안전하고 평온하다고 느끼는 방식을 따르는 것이다. 많은 영아가 모유나 병에 든 젖을 먹으면서 잠에 드는데, 이는 아이의 수면을 보살피는 훌륭한 방법이다. 안아주거나, 약간의 압력을 가해 등을 문질러주거나, 엉덩이를 토닥이거나, 흔들거나 업힌 채로 잠드는 것을 좋아하는 아이들도 있다.

부모나 아이에게 더 이상 통하지 않는다면 수면을 보살피는 방식은 언제든 바꿀 수 있다. 영유아나 아동이 혼자 잠들어도 안전할 것 같다고 느끼면 신호를 부모에게 보낼 것이다. 아이가 준비가 되기도 전에 혼자서 잠들고 깨는 법을 가르칠 필요는 없다.

밤중에 아이가 깨도 안전하다고 느끼면 스스로 다시 잠들 수도 있고 잠시 만져주거나 안아줘야 할 수도 있다. 조금 더 높은 스트레스를 느끼면서 깨면 공동 조절을 위해 부모 뇌의 도움이 필요하다. 많은 아이가 깨서 젖을 먹는다. 모유 수유를 하는 가정에서는 이를

'젖 물려 재우기' 또는 '가슴에서 재우기'라고 부른다. 젖병 수유를 하는 아이들도 깨서 젖을 먹거나 물을 마신다.

내 아들은 두 살 반이 될 때까지 밤에 두 번에서 다섯 번까지 깼고, 나는 아이와 함께 침대를 쓰면서 젖 물려 재우기를 했다. 깰 때마다 젖을 물렸는데 아이는 거의 눈도 뜨지 않았다. 꿈틀거리는 게 느껴지면 아이가 자는 동안에도 젖을 먹였다. 밤에는 나도 거의 깨지 않았고 아들도 거의 깨지 않았다.

많은 가족이 이런 경험을 한다. 젖병 수유를 하거나 유축기를 사용하는 경우에는 침대 옆에 필요한 모든 물건을 준비해놓으면 침대에서 벗어나거나 잠에서 완전히 깰 필요가 없다.

특히 뇌 발달이 왕성하거나 스트레스 민감도가 높은 아이의 경우, 잠에서 깨면 수유나 안아주기 이상의 도움이 필요한 때도 있다. 규칙이 있는 건 아니다. 아이가 안전하다고 느껴 다시 잠드는 데 필요한 걸 해주면 된다. 밤에 아이에게 반응해주는 것은 나쁜 버릇이 아니며, 오히려 아이의 뇌와 신경계 발달을 촉진한다. 이를 통해 아이에게 평생 도움이 될 수면과의 안전하고 편안한 관계를 형성해주는 것이다.

아이가 필요할 때까지 곁에 있어 주기

오해 27: 4개월 혹은 6개월, 12개월, 24개월, 36개월이 지나면 자기 방에 있을 줄 알아야 한다.

→ 혼자 잘 수 있을 정도로 안전하다고 느껴질 때 아기는 신호를 보낸다.

아이의 곁에서 자는 것에 잠재한 이점이 완전히 밝혀지는 않았지만, 몇몇 연구를 통해 영아의 뇌 발달에서 회복탄력성을 키우는데 큰 도움이 된다는 사실은 밝혀졌다. 수면 상태의 아이를 보살피면 아동기 스트레스 체계의 회복탄력성이 높아지고 신체적·정신적 건강 문제가 발생할 위험이 낮아진다.

적어도 12개월 미만의 영아는 양육자와 같은 방에 있을 때와 혼자 있을 때 자는 모습이 다르다. 양육자와 같은 방에 있는 경우, 더 자주 각성하며 얕은 수면 상태에 머무르는 시간이 더 길며, 숙면 상태에 머무는 시간이 더 짧다. 이는 뇌를 발달시키고 영아돌연사증후군을 예방한다.

한 연구에 따르면, 영아의 40퍼센트가 엄마가 깬 후 ±2초의 시차를 두고 따라서 깼으며, 엄마들도 60퍼센트가 아이가 깬 후 ±2초 만에 일어났다. 혼자 자는 것을 뜻하는 '단독 수면'은 영아의 수면 구조를 바꿔 렘수면은 감소하고 비렘수면은 증가하며, 각성 빈도도 줄어든다. 이는 이상적인 현상은 아니다. 뇌에 학습한 내용과 기억을 각인시키고 새로운 회로를 연결하는 데 렘수면이 필요하기 때문이다.

너무 긴 비렘수면 시간은 영아돌연사증후군에 위험 요소로 작용하며, 렘수면 시간도 빼앗는다. 동물 실험에서도 같은 패턴이 발견된다. 엄마에게서 영아를 분리해 자도록 하면 렘수면 패턴에 극적인 변화가 발생한다. 아이를 분리하고 나면 처음에는 렘수면 시간이 늘다가 이후 급감한다.

갓 태어난 신생아를 대상으로 진행된 한 연구에서 한쪽 신생아 집단은 생모와 살을 맞댄 채로 잠을 자고 다른 쪽 집단은 엄마 옆에 있는 아기 침대에서 잠을 자게 한 결과, 아이들의 수면 패턴과 생리 반응이 바뀌었다. 엄마와 닿지 않은 채로 잠든 아이들은 조용한 수면에 진입하는 데 더 오랜 시간이 걸렸고 수면 시간이 짧았으며, 지속되는 스트레스와 함께 심박수 변동성이 높았다.

반면 엄마와 붙어서 잔 아이들은 상대적으로 더 빠르게 조용한 수면 상태에 들어갔고 수면 시간이 길었으며 렘수면 시간은 더 길고 활동적 수면 시간은 짧았다. 뇌를 발달시키는 회복 수면 패턴에 더 오랜 시간을 보낸다는 의미다. 이와 같은 변화는 갓난아이에게서만 발견되는 특징이며, 나이가 들면 어른의 존재는 다른 방식으로 수면 패턴을 변화시킨다. 엄마를 만지면서 자는 아이들은 스트레스도 적게 느끼고 심박수도 일정한 모습을 보였다.

막 태어난 조산아를 대상으로 한 또 다른 연구에 따르면, 부모와 살을 맞대고 자는 아이들은 더 규칙적인 수면-각성 주기를 보이는 것으로 나타났다. 건강한 수면 주기는 스트레스 체계를 위한 기본적인 뇌 회로, 학습 및 기억 처리, 모든 뇌 기능의 토대가 되는 복잡한 뇌 회로를 구축하는 데 꼭 필요하다.

깨어 있을 때와 마찬가지로 부모 또는 양육자를 감지하는 것은 잠자는 영아의 뇌에 양육에 도움을 주는 호르몬을 공급하는 필수 안전 신호다. 부모 혹은 양육자 근처에서 자는 영아의 뇌는 양육자의 페로몬pheromone 냄새, 호흡 소리, 움직임, 심장박동, 손길 등 수많은 감각 기반의 안전 신호를 받는다.

아이가 곁에서 자고 있으면 부모는 더 많이 만지고 바라보게 된다. 아이의 신체는 이와 같은 감각들을 안전함으로 해석하므로 스트레스는 감소하고, 옥시토신과 도파민은 증가하며, 코르티솔 수치도 안정된다. 심장박동, 호흡, 산소, 포도당, 체온도 안정된다.

이는 회복성 수면과 뇌 발달에 이상적인 상태다. 여러 연구에 따르면, 이와는 반대로 부모 또는 양육자와 떨어져 자는 영아는 스트레스 체계가 활성화될 가능성이 높고, 옥시토신이 부족해지며, 두려움을 느낄 수 있다. 즉 건강한 회복성 수면을 방해하는 상태에 놓인다.

아이 곁에서 자면 부모의 수면 패턴과 의식 상태, 뇌파도 바뀐다. 깨어 있을 때 아이에게 제대로 반응해줄 수 있도록 충분한 회복 수면을 취하도록 바뀌는 것이다. 아이와 침대를 함께 쓰는 가족과 단독 수면을 하게 하는 가족을 대상으로 진행된 한 연구 결과, 침대를 공유하는 엄마들의 총수면 시간이 더 길었다. 이 중 84퍼센트가 '양질의 또는 충분한' 수면을 취했다고 답했다. 단독 수면 가정의 엄마들은 64퍼센트만이 같은 대답을 했다.

아이의 곁에서 자는 동안 부모의 뇌가 변하기 때문에 깊은 비렘 수면은 줄어도 렘수면이나 총수면 시간에는 변화가 없었다. 즉 깊은 잠이 줄어서 아이와 아이가 보내는 신호에 더 민감해진다는 뜻이다. 더불어 아이의 곁에서 자면 둘의 뇌파가 동기화된다. 아이가 얕은 잠을 자면 엄마도 마찬가지로 얕은 잠을 자기 때문에 일어나서 젖을 주거나 안아주고 또다시 잠들기가 쉬워져 아이를 보살피는 데 유리하다.

이 효과는 아이와 함께 자는 모유 수유를 하는 부모의 사례에서 가장 크게 나타나며, 다른 집단에서는 아직 발견된 바가 없다. 수유 방식에 신경 쓰지 않고 아이 곁에서 자게 된 부모들은 아이를 도와주기 위해 완전히 잠에서 깰 필요가 없기 때문에 부모 자신의 수면 측면에서도 좋은 영향을 받는다.

아이와 함께 잘수록 아이의 뇌는 안정된다

아이 곁에서 자는 방법은 다양하다. 가족에게 어떤 방법이 가장 알맞고 또 안전한지 시간을 들여 탐구해보길 바란다. 내가 권하는 방법은 다음의 세 가지다.

1. 곁잠: 부모 또는 양육자의 방에 가능하면 침대에서 발을 뻗어 닿을 거리에 요람이나 아기 침대에 두고 재운다.
2. 침대맡 수면: 부모 또는 양육자의 침대와 이어진 아기 침대나 사이드카 침대, 바닥 매트리스 침대에 두고 재운다.

3. 잠자리 공유 수면: 안전한 영아 수면을 할 수 있도록 준비, 관리된 성인
   용 침대에서 부모 또는 양육자와 함께 잔다.

가능하다면 3세 이후까지도 지속하길 바라지만, 적어도 6개월에
서 12개월까지 밤잠은 물론 낮잠을 잘 때도, 잠들 때나 깰 때도 부
모와 아이가 같은 방에서 자는 것을 권한다. 아기 띠나 자동차, 유모
차에 태워서 움직이는 상태에서 재우면 부모도 비교적 유연하게 활
동할 수 있다. 많은 영유아와 아동이 자기만의 수면 공간에서 준비
가 되었을 때 부모에게 메시지를 보낸다.

잠자리 공유 수면을 한 영아들이 취학 전에도 더 독립적이며 인
지 능력도 풍부해 스트레스 체계의 회복탄력성이 높고 사고뇌도 충
분히 발달한다는 여러 연구 결과도 있다. 잠자리 공유는 아이의 생
활에 중대한 스트레스 요인이 있을 때 스트레스를 완화해주며, 정신
과적 문제를 예방해주고, 사교성을 높인다. 곁에 두고 잠잘 때 우리
아이들은 잘 자란다.

아이와 함께하는 잠자리, 안전하게 계획하자

잠자리 공유를 계획하고 있지 않더라도 모든 가정에서 잠자리
공유법을 안전하게 실천하는 법은 꼭 알아야 한다고 생각한다. 왜
냐? 아이가 며칠이고 몇 주고 부모의 가슴이나 곁에서 떨어져 자지
않으려 할 때가 분명 있을 테고, 이에 대한 대비책이 분명히 필요하
기 때문이다.

갓난아이와 함께 소파나 안락의자에서 자고 난 다음 나를 찾아오는 부모가 많은데, 이는 침대에서 같이 자면 안 된다는 조언을 듣고 침대보다 그쪽이 더 안전하다는 생각이 들었기 때문이다. 하지만 절대 그렇지 않다. 부모들은 부모 가슴 위가 아니면 절대 자지 않는 아이 때문에 며칠, 몇 주를 제대로 자지 못해 수면 부족으로 완전히 녹초가 되어 나를 찾아온다.

신생아가 있는 많은 가정에서 누군가 위에 눕히거나 누군가의 손길이 있어야만 잠을 잘 수 있는 아이를 두고 어딘가 잘못된 건 아닌지 걱정한다. 많은 부모가 24시간 동안 서로 번갈아가며 아이를 안고 있느라 계속해서 깨어 있다. 이는 지속 가능한 방법도 아닐뿐더러 솔직히 말하면 굉장히 위험한 방식이다. 잠이 필요한 부모에게도, 사람과 닿은 채로 잠을 자고 싶어 하는 아이에게도 도움이 되지 않는다.

우리 아이에겐 얼마만큼의 손길이 필요할까?

오해 28: 아기는 혼자 자는 법을 배워야 한다.
→ 아기는 누군가와 닿아 있어야 안전하게 잠들 수 있다는 느낌을 받는다.

특히 아주 어릴 때 간혹 영아기 내내 어른과 온몸이 닿아 있어야 잠을 자는 아이들이 있다. 이를 '접촉 수면'이라고 하는데, 이는 지극히 정상적이다. 접촉 수면을 원한다는 건 안전함을 느끼기 위해 영아의 스트레스 체계가 어른의 존재를 요구한다는 의미다.

접촉 수면을 원하는 아이들을 두고 '벨크로', '따개비', '캥거루', '코알라' 아기라고 부른다. 아주 가까이, 완전히 붙어 있기를 원하기 때문이다. 나 자신도 어려서 벨크로 아기였고, 내 아들도 10개월까지는 벨크로 아기였다. 갓난아이 시절, 아들은 낮잠을 잘 때면 안겨 있어야 했고, 저녁에는 부모의 가슴 위에서 자느라 우리는 애를 몸 위에 올려둔 채로 저녁을 먹거나 영화를 봐야 했다.

당신의 아이가 이런 유형의 아이라면, 아이가 원하는 것을 해주는 일이 잘못된 게 아니라는 점을 명심하자. 계속해서 닿아 있음으로써 부모는 건강한 뇌파 패턴이 아이의 뇌를 발달시키는 데 필요한 방식으로 아이를 보살피게 된다. 아이의 스트레스 체계가 차츰 성장하다 보면 자는 내내 완전히 붙어 있지 않아도 된다. 생후 3~4개월부터 떨어지는 아이들도 있고, 한 살쯤 되어 떨어지는 아이들도 있다. 특히 접촉을 많이 필요로 하는 아이들의 경우 3세 이후까지도 이어지는 경우가 있다.

잠자리 공유나 사이드카 침대는 접촉을 많이 원하는 아이에게 최선의 선택지일 수 있다. 잘 때 사람을 찾지 않도록 아이의 뇌를 훈련시키거나 가르칠 수는 없지만, 사람과 닿지 않은 채 자는 기회를 만들어 아이가 성장했는지 확인할 수 있다. 울거나, 매달리거나, 기타 방법으로 항의하는 등 아직 준비되지 않았다는 메시지를 보내면 아이와 부모 모두 준비될 때까지 한동안은 다시 같이 자다가 나중에 다시 시도해보자.

0~4개월이 지나면 잘 때 자기를 만지는 것을 좋아하지 않는 아이들도 있다. 잠자리 공유와 접촉 낮잠을 모두 준비해놨는데 정작 아이가 자기만의 수면 공간을 원하는 가정도 있다. 만약 그렇다면 아이의 메시지에 따르자. 같은 침대에서 자지 않을 거라면, 아이가 당신을 만지지는 않아도 느낄 수는 있도록 부모 침대 옆에 사이드카 침대나 요람을 두자. 모든 아이에게 일률적으로 적용되는 규칙 같은 것은 없다. 늘 그렇듯, 함께 시간을 보내면서 지켜보고 귀를 기울여 아이가 진정 원하는 것이 무엇인지 파악하자.

수면 시간은 애착 형성에 최적의 타이밍이다

오해 29: 취침 전에 나누는 교감의 시간은 영아기나 아동기 중에 중단해야 한다.

→ 취침 전 교감 시간은 유대감 형성에 도움이 된다. 더 이상 함께 시간을 보내지 않아도 되는 때가 오면 아이들이 신호를 보낼 것이다.

잠자리에 드는 시간은 아이와 교감할 수 있는 놓쳐서는 안 될 특별한 기회가 된다. 이 시간에 정서적·신체적으로 교감할 때 영유아 및 아동의 스트레스는 줄고 안정된 수면을 취할 수 있다. 잠들기 전에 거치는 이 과정은 아이의 감정을 크게 자극하기 때문에 부모가 나를 봐주고, 소중히 여겨주고, 있는 그대로의 나로도 괜찮다고 받아들여 주었다는 강한 기억으로 남는다. 많은 기억이 사라지겠지만, 영아의 스트레스 체계는 어려서 잠들고 깰 때마다 부모가 돌봐준 그 느낌을 결코 잊지 않는다.

어렸을 때 엄마가 책을 읽어주거나 노래를 불러줄 때의 느낌, 잠들기 전에 할머니가 내 머리카락을 만지작거렸을 때의 느낌, 마당에 있는 작은 오두막에서 내가 사랑하는 사람들의 목소리를 들으며 잠들 때 들었던 느낌은 절대 잊히지 않는다. 수많은 성인 내담자가 부모와 가졌던 취침 시간 의식들을 내게 공유해주었다. 이불을 덮어주다 못해 마치 인어공주처럼 다리 밑으로 쑤셔 넣던 아빠, 라벤더 향기, 손을 잡아주고 책을 읽어주고 노래를 불러주고, 머리 아래 꼭 맞춰 베개를 정돈해주던 부모님의 모습.

이런 기억들은 평생의 정서적 안녕에 아주 중요한 역할을 한다. 아이 옆에서 깨는 것도 연결감을 형성할 수 있는 특별한 시간이다. 포옹, 입맞춤, 아침 대화는 깊은 교감을 나눌 수 있는 다른 무엇과도 비교할 수 없는 귀중한 일상 속 경험이다.

낮에 충분히 교감하면 밤에 더 잘 잔다

수면을 위한 최적의 패턴을 찾는 가족들에게 내가 늘 꺼내는 주제는 의외로 낮 활동이다. 당신의 아이는 얼마나 움직이고, 놀고, 주변을 탐색하는가? 더 구체적으로 들어가 보자. 당신의 어린아이는 바닥에서 뒤집기를 연습하고, 발을 구르며, 자기 발이나 손을 쥐고,

천장이나 벽에 비치는 빛이나 색을 바라보는 데 얼마나 시간을 보내는가?

조금 더 큰 아이라면, 뛰고 춤추고 웃고 기어오르고 걷고 달리는 데 얼마나 되는 시간을 쓰는가? 무거운 물건을 들고 나르는 데는? 그네를 타는 데는? 돌고 기는 데는? 밀고 당기는 데는? 개월 수와 상관없이 모든 아이가 감각 자극을 탐색하고 야외에서 시간을 보내는 데 과연 얼마만큼의 자유 시간을 보내는지 무척 궁금하다. 왜냐하면 자유로운 움직임과 탐색, 놀이, 야외에서 보내는 시간은 수면 압력을 높이고 수면을 풍부하게 하는 데 도움이 되기 때문이다. 일과에 이러한 활동들을 더하면 낮잠과 밤잠에 변화가 생기기 때문이다.

연결감 형성과 낮 동안 받은 스트레스의 해소는 영아 수면에 굉장히 중요한 역할을 한다. 아이의 일과에 이 시간을 더하는 것은 결국 수면을 돕는 일과 같다. 낮에 아이와 교감하고 스트레스에 반응해주면 아이가 밤에 깨는 횟수가 줄고 더 안정적으로 잘 수 있다.

부모의 잠도 꼭 중요하게 챙기자

영아기 아이의 수면을 돌보면서 부모와 양육자 자신의 수면도 우선시해야 한다. 육아휴직을 더 오래 쓸 수 있고, 근무 일정도 유연하게 조정하며, 양질의 보육 서비스를 이용할 수 있게 된다면 모든 부모에게 무척 유용할 터이다.

밤에 깨어 아이를 돌보면서도 휴식을 취할 수 있다. 물론 아이가 태어난 지 얼마 되지 않았거나 아이가 거센 성장기를 겪고 있다면 더 힘이 들겠지만, 충분히 가능한 일이다. 이때 자신의 수면을 우선 순위에 놓아야 하는데, 전에 해본 적이 없는 일일 수 있다. 수면 습관을 크게 바꿔야 할지도 모른다. 나와 상담했던 많은 부모가 아이가 생기기 전에는 자정에 잠들어 아침 7시에 깨곤 했다고 이야기했다. 아이의 수면을 돌보는 동안에는 이것만으로는 충분한 휴식을 취하기 어렵다.

다음의 조언을 따르자. 매일 아침 햇볕을 쬐자. 잠자리에 들기 전 한두 시간은 전자기기의 화면을 보지 말자. 수분 보충, 영양가 높은 음식, 신선한 공기, 운동, 타인과의 관계 맺기 등 기본적인 욕구를 최대한 충족하자. 일찍 잠자리에 들고 가능한 때는 늦잠도 자면서 필요한 총수면 시간을 확보하도록 노력하자. 대부분의 성인은 충분한 휴식을 위해 7~9시간의 수면이 필요하며, 밤에 자주 깬다면 수면량을 채우기 위해 침대에 더 많은 시간을 누워 있어야 할 수도 있다.

아이가 막 태어나서 낮과 밤을 구분하지 못한다면 아이가 잘 때마다 부모도 자는 방식으로 수면 시간을 채우면 도움이 된다. 자신이 보통 하루에 몇 시간을 자는지 곰곰이 생각해보자. 예컨대 하루에 8시간은 자야 한다고 하면, 8시간을 모두 채울 때까지 침대에 있어야 한다. 8시간을 채우기 위해 침대에 12시간을 누워 있어야 할 수도 있다.

육아휴직을 충분히 길게 낼 수 없거나 근무시간을 유연하게 조정할 수 없어 수면에 제약이 생기는 경우, 최대한 배우자나 가족, 친구, 전문가에게 도움을 요청하는 것이 중요하다. 이들이 밤이나 낮에 한동안 아이를 봐주면 조금 더 휴식을 취할 수 있다. 영아의 수면을 도우려면 부모에게도 도움이 필요하다. 두 명 이상의 부모 또는 양육자가 낮잠, 밤잠 그리고 밤에 깰 때 아이를 돌볼 수 있다면 가장 좋다.

한 명의 부모만이 밤에 아이를 돌보는 가정이 많다. 주 양육자가 충분한 수면을 취하려면 도움이 절대적으로 필요하다. 아침에 늦잠을 자거나, 낮잠을 자거나, 저녁에는 조금 이른 시간에 잠자리에 들 수 있도록 다른 누군가가 잠깐 혹은 종일 아이를 돌봐주면 부모가 필요한 것을 충족할 수 있는 시간을 확보할 수 있다.

많은 부모가 늦은 시간까지 자지 않고 자기만의 시간을 갖고자 한다는 걸 안다. 이제는 낮에 자기만의 시간을 갖도록 노력해보자. 잠을 희생하지 않고도 주간에 필요한 것을 처리할 수 있도록 도움을 구하자. 아이의 수면을 돌보려면 가능한 한 아이와 함께 이른 시간에 잠자리에 드는 게 좋다. 조금 더 크면 아이가 잠든 후에도 부모가 깨 있을 수 있는 시간이 생긴다. 영아기에는 늘 수면을 우선적으로 생각하자.

아이가 잘 때 공감 육아를 적용하는 것은 아이가 가장 취약할 때, 부모의 뇌로 아이에게 도움을 주는 것이다. 연결감 형성은 수면을 촉진하는 데 큰 영향을 미친다. 부모의 존재와 공감은 아이가 무엇을 경험하든 잠을 자려 준비하는 아이들을 도울 수 있다.

잠드는 아이에게 안정감을 주는 공감 육아

부모로서 곁에 존재해주며 아이가 던지는 무의식의 질문에 답을 해주자.

"내가 보이나요?"

숨을 들이마시고, 아이 옆에 눕거나, 안아주거나, 젖을 먹이면서 눈을 맞추고 편안한 자세를 취하자. 아이가 안심하고 잠들 수 있도록 곁에 있어주어야 한다. 아이가 졸려 하는가? 아니면 눈이 말똥말똥한가? 편안해하는가, 아니면 불편해하는가? 아이의 메시지를 읽고 필요한 건 없는지 파악하자. "엄마가 곁에 있으면 안심돼요." "지금 무척 편안해요." "아직은 잘 준비가 안 됐어요." "아직 움직일 힘이 있어요." "엄마랑 더 교감하고 싶어요."

"내가 여기에 있는 게 신경 쓰이나요?"

가장 취약해지는 수면 시간 동안 아이와 함께 있어줄지 고민해 보자. 부모와 함께 있는 아이는 완전히 안전하다고 느끼며 부모에게 기댄다.

"지금의 나면 될까요? 아니면 내가 좀 더 나은 아이가 되면 좋겠어요?"

젖 먹기, 흔들기, 노래 부르기, 밀착 등 아이가 완전히 이완되어 잠자는 데 필요한 것을 확실히 받아들이자. 이 모든 도움을 필요로 하더라도 있는 그대로의 내 아이로 충분하다.

"내가 엄마에게 특별한 아이라고 생각해도 돼요?"

오늘 하루를 되돌아보자. 아이가 행동하고 배운 놀라운 일들, 그리고 내 아이가 얼마나 아름다운지 떠올리자. 경이감과 사랑으로 가득한 눈으로 아이를 바라보자.

수면 시간, 공감 육아 실전 비법

1. 아이의 시선에서 보이는 모습을 상상해보자. 아이는 지금 졸리다. 혹은 부모와 떨어져 있는 데서 스트레스를 받고 있을 수도 있고, 그날 너무 재미있게 놀았을 수도 있다. 아이가 안정적 상태에서 긴장을 풀고 잘 수 있도록 곁에서 도와주자.
2. 아이의 행동과 감정, 욕구를 되짚으며 공감하자. 다음과 같이 하자.

① 과장된 표정을 지으며 아이가 느끼고 있을 감정을 보여준다. 옅은 미소와 함께 눈을 감거나 아주 슬픈 듯한 표정을 짓는다.

② 당신이 목격하는 행동과 아이가 느끼고 있는 듯한 감정, 욕구에 이름을 붙여 말해주자. "우리 아가가 하품하고, 눈도 피곤해 보이네(행동). 지금 졸려서(감정) 엄마가 안아서 재워주기를 바라는구나(욕구)." "우리 아가가 왜 울고 있을까(행동). 무척 스트레스를 받거나 겁이 나서(감정) 엄마한테 안겨서 젖을 먹고 싶구나. 그래서 엄마와 닿아 있고, 안전하고, 잠에 들어도 된다는 걸 느끼고 싶구나(욕구)."

③ 안심되는 얼굴을 보여주며 당신이 여기에 있음을 말해주자. "네가 잠들기 위해 엄마가 필요할 때 엄마는 늘 여기 있을 거야."

3. 욕구를 충족해주자. 잠이 들 때 안전하고 연결돼 있다는 느낌을 받을 수 있도록 젖을 물리고, 밀착하고, 노래를 불러주고, 살살 움직여주자.

아이를 재우는 시간은 충분히 다정한 시간이 될 수 있다. 물론 매끄럽게 흘러가지 않는 밤도 있을 터이다. 지지와 도움이 필요할 것이다. 하지만 아이를 달래서 재우는 일은 결국 아이의 뇌를 성장시킨다.

Chapter 9

지친 부모의 뇌에
육아 에너지를 충전하자

완벽한 부모란 건 없다. 우리 모두는 각자 고유한 존재다. 지금 당신이 어디에 있든 목표는 단순하다. 우리 자신의 신경계에 영양을 공급하고 안정시키고, 뇌를 성장시키며, 감정을 더 인식하는 것이다. 결과는 모두 다르게 나타날 것이다. 우리 함께 신경계와 뇌를 강화하면서 변화하는 '부모의 뇌'를 잘 활용해 보자.

오해 30: 부모가 되기 전에 내면의 문제를 모두 해결해야 한다.
→ 아이와의 관계는 도리어 자신의 스트레스 체계를 파악하고
　내면을 들여다볼 수 있게 한다.

영아기는 부모에게 많은 걸 요구하는 시기다. 육아에는 정서적·
신체적 에너지가 아주 많이 들어간다. 맛있는 밥을 먹고 싶고, 혼자
있고 싶고, 사람들과 만나고 싶고, 자고 싶고, 좋아하는 활동을 하
며 재충전을 하고 싶은 욕구를 채우기 어려워진다.

　아이일 때 겪은 경험을 통해 형성된 부모의 스트레스 체계는 어
른이 되어도 그대로 유지된다. 부모의 스트레스 체계는 회복탄력성
이 높을 수도 있고 취약성이 높을 수도 있다. 안정적일 수도, 불안정
할 수도 있다. 당신의 스트레스 체계도 다양한 범위의 어느 지점인
가에 위치할 텐데, 이는 부모의 내면에 있는 '육아 에너지'가 줄어드
는 속도의 차이를 의미한다.

자신의 상태를 잘 파악할 수 있도록 연습하면 내면의 에너지를 유지하고 부모 뇌의 신경가소성을 키우는 데 도움이 된다. 기운이 없을 때 자신의 상태를 깨닫고 다시 채우는 방법을 배우면 부모의 뇌도 성장한다. 연습을 반복하다 보면 안정적 상태에 머무를 수 있는 능력을 키울 수 있다. 회복탄력성을 키우고 육아 에너지를 키우도록 뇌를 재배선하는 연습을 통해 자신의 스트레스 체계를 키우고 심지어 변화시킬 수 있다.

이번 9장에서 하게 될 연습은 당신의 육아 에너지를 키워 안정적이고 따뜻한 상태로 아이를 육아할 역량을 키우도록 도와줄 것이다. 육아 에너지가 가득 차 있을 때 우리는 안정적 상태에서 아이를 훌륭히 양육할 수 있다. 안정적 상태는 아이의 감정과 학습, 가르침, 인내, 공감, 유대감, 심신의 건강을 조절할 수 있는 최적의 육아 상태다.

부모의 안정적 내면 상태는 정해진 공식을 따라 만들어내거나 꾸며낼 수 있는 것이 아니다. 아이는 부모의 심장박동과 얼굴에서 보이는 미세한 표정 변화, 근육의 긴장 등 우리가 부러 꾸밀 수 없는 모든 상태를 감지해 현재 부모가 무엇을 겪고 있는지 다 알려준다. 안정적 상태가 되기 위해서는 연습이 필요하다.

5장부터 8장까지 읽으면서 '내가 이 모든 걸 할 수 있을 리가 없어'라고 생각했는가? 육아 에너지가 적다는 신호일 수 있다. 이 글을 읽는 당신도 나를 찾았던 많은 내담자와 마찬가지로 자기 내면의 문제가 모두 해결되지 않았는데 아이를 제대로 돌볼 수 있을지 걱정하고 있는지도 모르겠다. 좋은 소식은 아이가 있는 바로 지금이 당신 내면의 문제를 돌아볼 좋은 기회라는 것이다. 부모의 뇌로 변화하고 있는 시기이기 때문이다.

'함께 작용하는 뉴런은 서로 연결되고, 함께 작용하지 않는 뉴런은 연결되지 않는다'는 사실을 기억하자. 성인도 정서 지능과 자기 인식 능력, 자기 조절 능력, 공감력, 사회적 기술을 키울 수 있다. 부모라면 특히 대인관계, 공감, 정신 건강을 뒷받침하는 뇌 회로가 변하게 된다.

또한 자신을 변화시키고자 하는 동기가 아이 덕분에 더 강화될 가능성도 높다. 연구에 따르면, 스트레스 상태와 안정적 상태는 특히 양육자와 아이 사이에서 쉽게 영향을 끼친다. 부모가 스트레스를 느끼거나 혼란스러워할 때도, 편안하고 안정적인 상태일 때도 아이는 부모의 상태를 그대로 따라간다. 부모의 내면이 안정적이고 평온하며 정돈된 상태라면 이 상태를 아이에게 반영할 수 있다. 다시 말해, 부모가 안정된 상태라면 아이에게 더 효과적인 도움을 줄 수 있다.

육아 에너지를 채우려면 먼저 우리 몸에 안전 신호를 보내야 한다. 이 과정을 흔히 '자기 돌봄self-care'이라고 하는데, 실은 '신경계 돌봄'이라고 부르는 편이 더 적절하다. 쉼 없이 계속해서 아이를 돌보고 있다면, 스트레스 상태에서 안정적 상태로 돌아오기 힘들 것이다. 안정적 상태를 회복하는 능력은 부모의 뇌와 발달 중인 아이의 뇌를 성장시킨다. 신경계 돌봄을 하지 않으면 육아가 더 힘들어지고, 교감하고, 탐색하고, 스트레스를 처리하고, 잠자는 아이의 상태를 지원해주기 어려워진다.

육아는 단거리 경주가 아니다. 중간중간 휴식을 취하며 에너지를 채워 넣어야 한다. 부모가 안정적 상태에 더 자주 있어야 아이도 도움을 받을 수 있다. 자신을 위한 시간을 가질 때는 아이의 주변에 있는 사람들이 대신 돌봐주면 된다.

지치지 않고 육아하기 위해 꼭 필요한 에너지 충전법 2가지

나는 신경계 돌봄을 장기와 단기, 두 각도에서 접근하는 방식을 좋아한다. 'I CARE' 연습법은 장기적으로 육아 에너지를 키우는 데 중점을 두며, 'SPACE 키우기' 연습법은 스트레스를 느낄 때 활용할 수 있는 단기 전략이다. 'I CARE' 연습법은 육아 에너지를 채우도록, 'SPACE 키우기' 연습법은 순간의 스트레스를 조절해 안정적 상태로 되돌아가도록 도와줄 것이다.

'I CARE' 연습법을 활용해 부모 마음을 돌보기

'I CARE'는 상담자들에게서 가장 성공적이었던 기법들의 앞글자를 딴 것이다. 규칙적이고 반복적으로 연습하면 점차 스트레스 체계의 민감도가 낮아지도록 뇌가 재배선되어 더 편안해지고, 뇌에 옥시토신 같은 진정 호르몬과 신경전달물질을 풍부하게 해준다.

1. 내면의 목소리에 귀 기울이기 Intuition or Interoception

   - 섬피질, 전전두피질, 편도체 발달

2. 기본적인 욕구를 잘 살피기 Curious about your physical needs

   - 시상하부와 해마 발달

3. 자신의 감정을 잘 인식하기 Aware of your emotions and emotional needs

   - 편도체와 전전두피질 발달

4. 규칙적으로 호흡하기 Regular breathing

   - 전전두피질과 편도체 발달

5. 스스로를 긍정적으로 보도록 연습하기 Evoke compassion and awe

   - 편도체와 전전두피질 발달

각 기법은 뇌의 여러 영역을 자극해 자기 인식과 공감, 자기 조절, 적극적인 반응 능력에 영향을 미치고 또 발달하도록 한다. 각각의 영역은 부모나 양육자가 될 때 강화되는 신경가소성의 도움을 받을 수 있다. 부모가 되는 과정에서 위의 기법들을 익히면 육아 에너지를 채우고 스트레스 회복 능력을 강화할 수 있다.

스트레스 체계의 조절 능력을 키우려면 자신의 감정을 파악하는 데 도움이 되는 위와 같은 기법 중 하나 이상을 매일 연습하는 게 좋다. 그러면 차츰 스트레스에서 더 쉽게 회복하고, 정서 지능과 자기 인식, 스트레스 조절, 공감 능력을 향상할 수 있다.

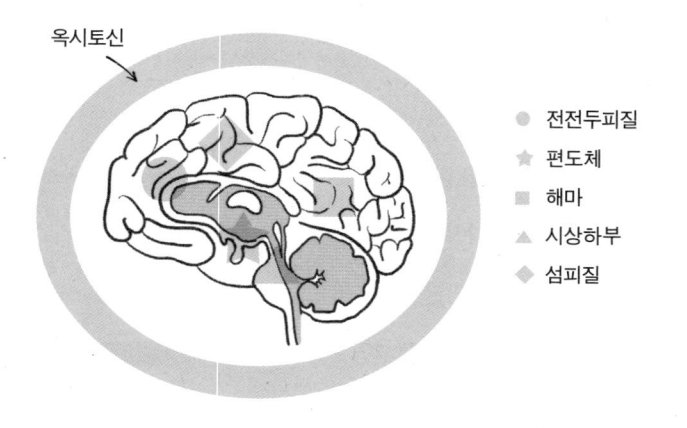

| 그림 11 | 'I CARE'와 'SPACE 키우기' 기법을 연습하면 아이를 더 풍부하게 양육하도록 뇌가 재배선되고 발달한다.

옥시토신

● 전전두피질
★ 편도체
■ 해마
▲ 시상하부
◆ 섬피질

위의 연습은 부모 자신의 영아기에 발달한 많은 뇌 영역, 그리고 스트레스 체계와 연결된 다른 여러 뇌 영역에 새로운 연결의 형성을 촉진한다. 또한 스트레스 활성화를 줄이도록 편도체의 경고 신호를 재배선하며, 편도체의 경고 신호를 잠재우는 전전두피질과 해마의 스트레스 브레이크 회로를 강화하고, 공감 능력을 향상하는 섬피질에도 작용한다. 어떤 변화를 낳을 수 있을지 〈그림 11〉을 보며 상상해보자.

연습은 언제든 바로 시작해도 된다. 임신 중에 실천하면 태아 스트레스 체계의 초기 발달과 출산 후 부모의 스트레스 체계에 영향을 줄 수 있다. 아이를 낳고 하면 신체적 혹은 정서적 감각이나 통증을 관리하는 데 도움이 될 수 있다. 아이가 영아기일 때는 부모가 안정적 상태를 더 자주 유지하고, 자신과 아이에게 안정이 필요할 때 안정적 상태를 유지할 수 있는 능력을 강화하는 데도 좋다.

나의 스트레스 상태는 어떻게 알 수 있을까?

스트레스를 유발하는 요인은 무엇인지, 내 몸에서 스트레스는 어떤 식으로 나타나는지 알아두면 유용하다. 자신의 스트레스 경험에 대한 자기 인식이 높아지면 스트레스를 인지하고 회복해 안정적 상태로 돌아가도록 조절하는 기법을 사용할 수 있다. 아이와 마찬가지로 부모 역시 스트레스 상태를 경험하는 방식, 그리고 안정적 상태로 돌아가는 방식은 각기 다르다.

보통 스트레스 상태에 들어서면 나타나는 초기 신호들이 있다. 투쟁–도피 상태에 들어서면 긴장하고 화가 날 수 있다. 그다음에는 짜증과 성을 내며, 원망하고, 불만으로 가득해 화를 내는 수준으로 확대되다가, 최고조에 오르면 히스테리와 격노의 수준에 올라설 수 있다.

경직 상태에 들어서면 기운이 없고 소심해지며, 멍해지고 생각하거나 말하는데 어려움을 겪으며, 슬픔과 절망을 느낀다. 최고조에 이르면 나른하고 졸린 상태에 빠진다. 간혹 경직 상태와 투쟁–도피 상태를 복합적으로 겪으면서 불안이나 걱정, 과잉 경계가 나타날 수도 있다.

스트레스 상태에 빠질 경우, 습관적으로 보이는 초기 징후를 파악해두면 비교적 쉽게 안정적 상태로 돌아갈 수 있다. 징후들을 눈치채지 못했다고 해도 돌아갈 수는 있다. 단지 노력을 더 해야 할 뿐이다. 스트레스 반응을 유발하는 경험을 기록하면 이를 추적할 수 있다. 그다음 'I CARE' 연습법을 활용하면 자기감정을 느끼고 신경계를 안정시킬 계획을 세우는 데 도움이 될 것이다.

모든 기법을 채택할 필요는 없다. 원하는 것을 고르면 된다. 각 기법을 한 번씩 해본 다음 원하는 기법을 선택하자. 일상적으로 실천하기 쉬운 기법을 선택하면 된다.

1. I - 내면의 목소리에 귀 기울이기

우리 뇌는 신체에서 정보를 얻는다. 따라서 이 정보를 듣는 법을 배워야 하는데, 연습을 할수록 이 신호가 더 크게 들린다. 직관력 또는 내부 수용 감각은 신체에서 오는 신호를 바탕으로 의식적인 추론 없이 아주 빠르게 결정을 내리는 능력을 의미한다. 심박수와 근육의 긴장감, 호르몬 등의 신체 반응을 인식하는 것이다.

이때 뇌에서는 편도체, 섬피질, 사고뇌 또는 전전두피질의 일부 영역(내측 안와전두피질, 복측 후두측두 영역)이 관여한다. 직관력을 연습하면 이 뇌 영역들이 재배선된다.

편도체는 위협 감지 회로에 관여한다. 직관에 귀를 기울이면 위협적인 사람이나 경험을 더 잘 구별할 수 있다. 섬피질은 우리 몸에서 오는 감각을 수신해 몸속 장기들과 체계들, 근육에서 느껴지는 바를 감지한다. 섬피질은 공감에도 관여하기 때문에 우리 아이가, 타인이 지금 무엇을 느낄지 상상할 때 우리의 섬피질과 공감 능력, 직관이 발달한다.

어떤 결정을 내려야 할 때 신체 감각은 우리에게 이미 신호를 보낸다. 그 신호를 제대로 읽는 직관력을 키워야 한다. 내 아들이 어릴 때 이웃이 아들을 수영장에 데려가고 싶다고 한 적이 있다. 내 직관

| 그림 12 | **직관력 또는 내부 수용 감각을 연습하면 섬피질과 편도체, 전전두피질의 회복탄력성이 성장한다.**

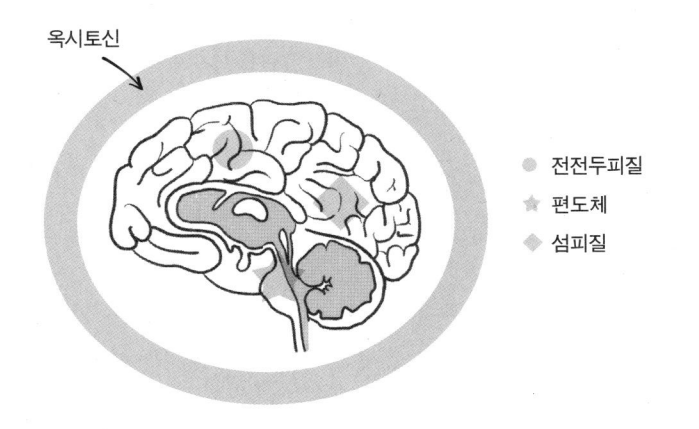

옥시토신

- 전전두피질
- 편도체
- 섬피질

은 "말도 안 돼, 당연히 안 되지"라고 말하고 있었지만, 대답은 '좋다'고 하고 말았다. 당시 나는 거절을 잘 못 하는 사람이었고, 경직 반응을 보이고 있었다. 게다가 아직 내면의 목소리를 듣는 법을 배우기 전이었다.

　이웃이 아들을 안고 있는 동안에도 내 직관은 계속해서 내게 '안 돼!'라는 신호를 보내고 있었고, 결국 시간이 꽤 지나서야 "이제 제가 안을게요"라는 말을 내뱉었다. 내 직관이 끊임없이 소리를 지르던 그날은 절대 잊지 못할 것이다. 그리고 나의 몸이 위험하다고 느끼는 상황에 내 아이와 자신을 처하게 했던 걸 두고두고 후회할 것이다.

　그날 이후 나는 다시는 직관을 무시하지 않고 나의 경직 반응을 주의 깊게 듣겠다고 결심했다. 우리는 자신의 목소리에 귀를 기울이고 용기 있게 목소리를 낼 필요가 있다. 이는 우리가 까다롭거나 무언가를 쥐락펴락하려는 사람이 아니라, 믿을 수 있는 사람이라는 뜻이다. 그런 자신을 뿌듯하게 여겨도 된다. 몸에서는 '이건 아니야'라고 느껴지지만 막상 실행에 옮기고 후회하는 경우가 많다. 다른 사람이 아닌 오직 나의 생각이 중요하다.

내 아이와 많은 시간을 보내게 될 양육자나 탁아시설과 면담하는 상황도 직관에 귀를 기울여야 하는 중요한 상황이다. 수년간 여러 양육자가 아들을 보살펴주었는데, 내 직관이 '이 사람은 괜찮아'라는 반응을 보이는 사람들은 선택했고 반대 반응이 느껴졌을 땐 '죄송하다'며 거절했다.

고형식을 시작하는 등 우리 아이가 새로운 걸 해봐도 좋겠다고 결심하는 중 만약 주변에 걱정되는 무언가가 눈에 띈다면, 이는 부모의 직관이 발동한 것이다. 직관을 활용하고 그 목소리에 따르는 연습을 해야 한다.

어떤 결정을 내려야 할 때 내면의 목소리에 귀를 기울이는 연습을 하자. 몸의 감각과 감정에 주의를 기울이고 이를 궁금해하자. 내 몸이 지금 '좋다'라고 하고 있는지, 아니면 '싫다'라고 하고 있는지 아래의 간단한 질문을 던지면서 연습해보자.

- 아침에 무엇을 마시고 싶지? 커피? 차? 물?
- 나는 지금 휴식이 필요한가?
- 나는 지금 움직이고 싶은가?
- 저 사람은 안전한 사람인가?

2. C - 기본적인 욕구를 잘 살피기

신체적 욕구가 충족되지 않으면 스트레스 상태에 머물게 된다. 기본적인 욕구를 인지하고 이를 충족하면 스트레스를 막고 안정적 상태를 유지하는 데 도움이 된다. 시상하부는 신체의 욕구를 꾸준히 모니터링하는 뇌 영역이다. 시상하부가 욕구를 감지하면 스트레스 신호를 보내 해당 욕구를 충족하도록 몸이 움직인다.

해마는 욕구를 충족하고, 스트레스를 줄이고, 규칙적으로 몸을 움직일 때 발달한다. 해마가 발달하면 이 영역에 새로운 뉴런이 성장해 생존하고 복잡한 연결을 형성하면서 스트레스 완화에 도움을 준다. 신체적 욕구에 관심을 가지도록 연습하면 시상하부에 안전 신호가 전달되고, 해마를 재배선할 수 있다.

기본적인 신체적 욕구로는 깨끗한 물 마시기, 영양가 있는 음식 먹기, 자연과 공기 접하기, 움직이기, 수면과 휴식 취하기, 사람과 접

| 그림 13 | **욕구가 충족되면 시상하부에 안전 신호가 전달되어 스트레스가 줄고, 해마의 회복탄력성이 높아진다.**

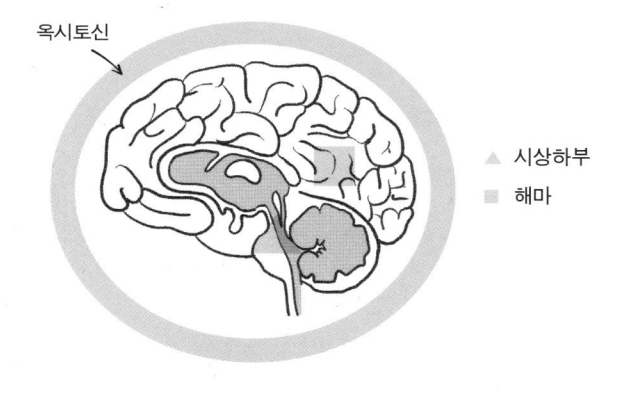

옥시토신

▲ 시상하부
■ 해마

촉하고 연결되기, 안전하다고 느끼도록 환경 조성하기 등이 있다. 물론 정도의 차이는 있으며 우리 모두 이러한 욕구를 느끼고 알아서 충족하지만, 어떤 상황이든 스스로의 상태를 확인하는 습관을 들이면 좋다. "오늘 나 밥 먹었나?" "기분이 좋아지도록 몸을 움직였나?" "밖에 나갔다 왔나?"

깨끗한 물을 충분히 마시자

뇌는 70퍼센트 이상이 수분으로 이루어져 있기 때문에 약간의 탈수만으로도 스트레스와 감정 조절 장애, 불안, 두통, 집중력 문제, 피로, 수면 문제가 생길 수 있다. 처음에는 성인의 경우 하루에 1.8~2.7L를 마셔야 한다는 일반적인 권장 사항을 따르다가 차차 몸에서 보내는 갈증 신호에 따라 물을 마시자.

이 권장 사항은 평균치이기 때문에 개인에 따라 더 마셔야 할 수도, 덜 마셔야 할 수도 있다. 임신 중이거나 모유 수유 중에는 물을 더 많이 마셔야 하며, 갈증 신호가 훨씬 더 강해질 수 있다. 다음의 방법을 활용해보면 좋다.

- 아침에 일어나 가장 먼저 큰 컵으로 물을 한 잔 마시자.
- 하루 종일 물병을 들고 다니며 주기적으로 물을 마시자.
- 물 마실 때 빨대를 사용하자. 사소한 요령이지만 컵으로 마실 때보다 물을 더 많이 마시게 된다.
- 밥이나 간식을 먹기 전에 큰 컵으로 물을 한 잔 마시자.

- 물에 신선한 레몬이나 라임을 넣어 마시자.

영양가 있는 음식을 챙겨 먹자

뇌의 시상하부는 신체에 필수적인 영양소가 있는지 늘 지켜보고 있다. 식단을 꼭 바꿀 필요는 없지만, 영양가 높고 신선한 음식을 더 많이 섭취하는 편이 좋다. 과일, 채소, 견과류, 씨앗, 콩류와 완전 단백질* 등 영양이 풍부한 신선 식품은 신체에 영양소가 풍부하다는 신호를 보내며, 이는 뇌에 안전 신호로 전달된다. 다음의 방법을 활용해보면 좋다.

- 냉동 제품이든 신선 제품이든 베리류 과일, 시금치, 콜리플라워 혹은 브로콜리 등의 식재료로 스무디를 만들어 매일 섭취해보자. 치아씨드나 햄프씨드, 아마씨, 견과류 버터나 아보카도를 추가해도 좋다. 임신 중 음식에 구미가 당기지 않을 때 영양가 높은 식재료로 만든 스무디를 만들어 먹으면 조금 더 잘 들어간다.
- 식단에 채소를 추가하자. 냉동 채소는 데우기만 하면 빠르게 조리할 수 있다.
- 사골이나 채소 육수를 추가해 먹자.
- 호두나 생선, 블루베리, 검은콩, 달걀, 잎채소 등 뇌 건강에 좋은 재료를 섭취하자.

---

* 체내에서 합성되지 않는 9종의 필수 아미노산을 모두 함유하는 단백질

자연을 접할 기회를 자주 만들자

주기적으로 자연을 접하는 것은 뇌에 안전 신호로 작용한다. 자연을 보고 있으면 스트레스가 줄어든다. 나무와 식물이 내뿜는 화합물을 코로 들이마시면 곧장 스트레스가 감소한다. 자연 속에서 걸으면 해마를 비롯한 우울감을 담당하는 뇌 회로의 활동성을 낮춰 스트레스와 우울감이 줄어든다. 당신이 사는 곳이 어디든 주위를 둘러보면 자연을 접할 수 있는 크고 작은 장소들이 있을 것이다. 아이를 위해 신선한 공기를 마시러 공원에 나가지 않는가? 부모 자신을 위해서도 필요한 일이다.

냄새는 해마로 직접 전달된다. 해마는 기억과 기분에 관여한다. 냄새와 기억이 더 긴밀히 연결되는 까닭이다. 향수나 세제에 들어 있는 인공 향료는 스트레스와 불안, 우울을 증대시킬 수 있어 기분에 부정적 영향을 미칠 수 있다. 가능하다면 방향제나 세제, 가향된 세탁세제, 가향된 청소용품, 과도하게 향이 들어간 미용제품 등 일부러 향을 넣은 제품은 쓰지 않는 편이 좋다. 자주 자연을 접하기 위해 다음의 방법을 활용해보면 좋다.

- 집에 식물을 들여와 매일 조금씩 보는 시간을 갖자.
- 알람을 설정해놓고 주기적으로 창밖의 나무와 식물, 하늘을 바라보자.
- 매일 지나다니는 길이 아닌 우회로나 공원을 지나가 보자.
- 나무가 우거진 장소에 가서 심호흡을 하고 몸을 편안하게 이완해보자.
- 잔디밭 위에 앉아보자.

운동을 해서 뇌 건강을 지키자

몸을 움직이면 곧바로 스트레스가 감소하고 스트레스 체계가 재배선된다. 임신 중에 하는 운동은 배 속에 있는 아이의 스트레스 체계 형성을 돕는다. 운동은 항우울제와 유사한 메커니즘으로 뇌에 작용하며 기분을 좋게 만들어준다.

운동하는 동안 신체 기관들과 근육이 내보내는 분자들은 뇌로 전달된다. 뇌에 도착한 분자들은 뇌유래신경영양인자BDNF라는 뇌세포에 필수적인 영양소를 증가시킨다. 이 영양소는 모든 뇌세포에 영향을 미치므로 많은 뇌 체계를 향상시키며 기억력, 주의력, 스트레스 조절 능력을 높이는 것으로 알려져 있다.

이 영양 성분은 스트레스 체계에서 정지 신호 역할을 하는 해마에서 새로운 세포가 성장하는 데 영양분을 공급한다. 또한 세포의 건강을 유지하고 기분장애의 위험성을 상당히 감소시키는 것으로 알려져 있다.

우리는 흔히 체중 감량이나 심혈관 건강을 위해 운동한다고 생각한다. 이제는 뇌 건강을 위해 운동한다고 생각하자. 아이도 계속해서 움직여야 하지만, 부모도 마찬가지다. 다음의 방법을 활용해보면 좋다.

- 얼마를 움직여도 좋다. 자기 능력에 맞게 5분에서 10분만 움직여도 도움이 된다.
- 혼자서든, 친구와 함께든, 아기 띠를 하고서든 매일 걷자.

- 자신이 좋아하는 운동 수업을 수강해보자.
- 가장 편한 방식으로 부드럽게 스트레칭을 해보자. 그냥 바닥을 데굴
데굴 구르기만 해도 된다.

충분한 수면을 취하자

8장에서도 설명했지만, 충분한 수면을 취하지 않으면 스트레스 체계의 조절 능력이 떨어지고 스트레스 민감도가 높아져 정신 건강에 악영향을 미칠 수 있다. 잠을 자면 뇌의 체계가 활성화되어 뇌 속 노폐물을 제거한다. 잠을 자면 스트레스 수치가 낮아지고 주의력과 인지력이 높아진다. 자는 동안 우리는 배운 것을 내 것으로 만들고 현재의 경험을 과거의 것과 통합한다. 그러니 뇌가 잘 수 있도록 최선을 다하자. 잠은 건강의 기반이다. 다음의 방법을 활용해보면 좋다.

- 잠을 우선순위에 두자. 피곤하면 일찍 잠에 들자.
- 아침에 일어나면 밖에 나가 햇볕을 쬐자. 저녁에는 어두운 환경을 유지하자.
- 잠자리에 들기 두 시간 전부터는 전자기기 화면을 멀리하자.
- 카페인은 정오가 되기 전까지만 마시자.
- 가능하다면 낮잠을 자자.
- 잠을 자지 않고 그저 쉬는 것만으로도 도움이 될 수 있다. 밑에 무언가를 받쳐 다리를 올린 채로 앉아 눈을 감고 심호흡을 몇 차례 한다.

사람들과 접촉하고 교류하자

사람과의 접촉은 옥시토신을 분비시켜 스트레스를 완화하고 코르티솔 수치를 낮춘다. 사랑하는 사람을 껴안으면 접촉에 대한 욕구를 충족할 수 있다. 스스로를 안아주어도 된다. 적어도 20~30초 정도 내지는 몸이 이완될 때까지 포옹하면 옥시토신이 분비되고 스트레스가 줄어든다.

대인관계 형성을 통한 교감, 눈 맞춤, 노는 시간, 웃음 모두가 접촉 욕구에 해당한다. 교감과 눈 맞춤에 대한 욕구는 가족, 친구, 반려동물을 통해, 혹은 접촉 요법을 받는 중에도 충족할 수 있다. 게임이나 스포츠처럼 어려서 즐기던 활동을 통해 다른 이들과 서로 연결되는 것도 좋다. 다음의 방법을 따라보자.

- 하루에 한 번 이상, 20~30초 동안 내지는 긴장이 풀릴 때까지 타인이나 자신을 안아주자. 반려동물을 안아주어도 좋다.
- 내게 웃음을 주는 것을 찾아보자. 당신은 어렸을 때 무엇을 보고 웃었는가?
- 친구, 스포츠, 댄스, 노래, 게임 등 놀거리를 찾아보자. 당신은 어려서 무얼 하며 노는 걸 좋아했는가?
- 기쁨을 주는 대상을 찾아보자. 무엇이 당신에게 기쁨을 주는가?

안전하다고 느끼도록 환경을 조정하자

주변 환경이 안전하다는 느낌은 스트레스 체계를 안정시키고 코르티솔을 줄이는 데 중요한 역할을 한다. 집이나 주변 환경이 안전하지 않다고 느껴진다면 무엇을 바꾸면 좋을지 고민해보자. 무엇이 당신을 안전하다고 느끼게 하는가? 다음 질문에 대해 고민해보자.

- 주변에 무엇이 당신을 불안하게 만드는가? 바꿀 수 있는 것이 있는가?
- 주변에 누가 당신을 불안하게 하는가? 바꿀 수 있는 것이 있는가?

3. A - 자신의 감정을 잘 인식하기

대부분은 아닐지라도 많은 사람이 감정이 메마른 세상에서 자랐다. 우리는 대부분 감정을 우선시하지 않는 환경에서 성장했다. 물론 어려서 양육자가 부정적인 감정을 느낄 때는 위로를 해주고, 긍정적인 감정을 느낄 때는 함께 기뻐해주었을 수도 있다. 그러나 상당수 사람은 자신의 감정이 어떤지, 감정을 느낀다는 것이 무엇인지, 감정은 어떻게 처리하는지 잘 알지 못한다.

사회는 대개 개인의 지능지수IQ를 키우는 데는 집중하지만 정서지능EI은 내팽개치고 약해지는 대로 두는 경향이 있다. 그 결과 우리는 무의식중에 감정을 표현하는 건 약한 것이며, 불필요하고 쓸모가 없다고 여기게 된다. 어떤 이들은 어려서부터 자신의 감정보다 나를 향한 타인의 반응에 주목하기 시작한다. 그렇게 나의 감정보다 타인의 감정을 더 잘 인지하게 된다.

아마 당신도 감정을 표현하는 어휘가 한정돼 있고, 다양한 감정이 뇌와 몸에서 어떻게 느껴지는지에 대한 지식이 부족하며, 자기감정을 자신과 그리고 타인과 공유한 경험이 없는 상태에서 자랐을지 모르겠다. 이런 삶의 방식은 많은 스트레스를 유발한다. 건강에도 무척 해로울 수 있다. 좋은 소식은 누구나 정서 지능을 키우는 법을 배울 수 있으며, 그렇게 하면 뇌의 편도체와 전전두피질이 재배선 된다는 사실이다.

감정에 좋고 나쁨은 없다. 좋거나 편안하게 느껴지는 감정이 있고, 나쁘거나 불편하게 느껴지는 감정이 있을 뿐이다. 가끔은 이렇 듯 상반되는 감정이 한꺼번에 느껴질 때도 있다. 어떤 감정을 느낀다고 해서 당신이 나쁜 사람이라거나, 못된 사람이라는 수치심을 느낄 필요는 없다. 분노와 두려움, 실망 같은 부정적인 감정을 느끼는 건 당연하고 건강한 일이다. 그리고 이런 감정들을 알아차리고 소화해 자신이나 타인을 해하지 않고 회복하는 법을 안다면 이는 훨씬 더 건강한 일이다.

감정을 인식하는 능력을 키우면 회복탄력성이 높아지며, 이는

| 그림 14 | **감정과 욕구를 잘 인지하면 편도체와 전전두피질이 발달해 자기 조절 능력과 회복탄력성이 좋아진다.**

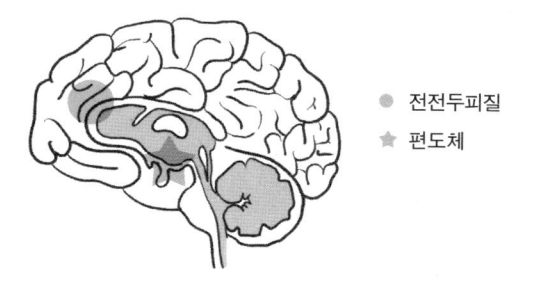

● 전전두피질
★ 편도체

자녀에게도 반영되어 아이의 스트레스 체계를 성장시키는 데 도움이 된다. 아이에게 감정을 보여주고 가르치면 평생 유지되는 스트레스 조절 능력을 길러줄 수 있다.

정서 지능을 높이는 첫 단계는 자기 인식, 즉 자신의 감정을 알아차리고 관찰하는 능력을 키우는 것이다. 감정 어휘를 배우는 데서 시작하자. 긍정적이든 부정적이든 감정이 느껴지면 어휘 목록을 보고 이 감정의 이름을 큰 소리로 말해보자.

이 감정이 몸에서 어떤 느낌을 일으키는지 잘 관찰하자. 감정 어휘와 인식력을 넓히면 자기 조절과 정서 지능을 키우는 데 도움이 된다. 감정을 소리 내 말하면 사고뇌를 작동시켜 편도체의 스트레스 반응을 가라앉힐 수 있다. 감정 어휘 목록을 인쇄해 냉장고나 책상, 침대맡에 붙여놓는 것을 추천한다.

구체적인 감정 언어를 전혀 사용하지 않으면 뇌 조절에 전혀 도움이 되지 않는다. 이를테면 이런 식이다. "이건 부당한 느낌이야." "저 사람들이 나한테 못되게 구는 느낌이야." "세상에서 내가 가장 운 좋은 사람인 듯한 느낌이야." 모두 '느낌'이라는 단어를 쓰고 있지만, 사실 이 문장들에는 어떤 감정도 묘사돼 있지 않다.

감정 언어를 사용하면 어떻게 달라지는지 확인해보자. "이건 부당한 느낌이야" 대신 "불안정하고 불안한 느낌이야"라고 표현할 수 있다. "저 사람들이 나한테 못되게 구는 느낌이야" 대신 "나는 상처받고 실망했어"라고 말할 수 있다. "세상에서 내가 가장 운 좋은 사람인 듯한 느낌이야" 대신에는 "희망적이고 뭐든 할 수 있을 것 같은 느낌이야"라고 할 수 있을 것이다.

잠시 멈춰 각 문구가 당신의 마음과 신체에 어떻게 다가오는지 느껴보자. 구체적인 감정 어휘를 사용하면 자신의 감정을 명확히 표현하고 무엇이 필요한지 이해하는 데 도움이 된다.

감정 어휘를 활용해 자신을 표현하면 편도체와 사고뇌 사이의 연결에 영향을 미쳐 스트레스 체계를 재구성할 수도 있다. 긍정적인 감정 어휘를 사용해 표현하면 편도체의 두려움 담당 영역이 차분해진다. 부정적인 감정 어휘를 사용해 표현하면 사고뇌가 활성화되면서 편도체의 두려움 담당 영역의 활동을 누그러뜨린다. 이뿐만 아니라 부정적인 감정을 표현하지 않으면 편도체가 오랫동안 활성화되면서 뇌와 신체를 건강에 유해한 스트레스 상태에 처하게 할 수 있다.

어린이를 비롯해 모든 사람은 자주 부정적 감정을 경험한다. 슬픔, 죄책감, 분노, 좌절감 등은 인간 경험의 일부다. 없는 척할 수는 없다. 대부분의 사람에게는 자신의 감정, 특히 어린이와 아기들의 감정을 판단하려 하는 습관이 있다. 우리 자신과 아이들의 뇌 건강을 위해 판단은 그만하자.

우리는 흔히들 '나쁘다'고 하는 감정을 참고 무시하거나, 나쁜 감정을 느낄 때 내 자신을 부정적으로 여기곤 한다. 그리고 '좋다'고들 하는 감정을 경험하고 싶어 한다. 그러지 말고, 감정의 스펙트럼을 이해하고, 감정이 내가 필요로 하는 것에 대해 무엇을 알려주는지 더 잘 이해하려 노력하면 좋겠다.

공감 육아를 연습하면서 우리는 모든 행동의 기저에는 감정이 있으며 모든 감정의 이면에는 욕구가 있다는 사실을 배웠다. 이는 단지 아이들에게만 해당하는 사실이 아니다. 우리도 마찬가지다. 공감 육아는 부모인 우리에게도 필요한 기술이다.

4. R - 규칙적으로 호흡하기

열여섯에 처음 요가를 시작할 때, 의식적으로 깊게 들이마시는 호흡을 한번도 해본 적이 없다는 사실에 놀랐던 기억이 난다. 느리고 깊은 호흡, 특히 배로 하는 복식호흡은 스트레스 조절과 장기적으로 뇌의 회복탄력성을 높이는 데 기초적인 역할을 한다. 주의를 기울여 의식적으로 하는 호흡은 편도체와 전전두피질을 비롯한 여러 뇌 영역을 재배선해 회복탄력성을 높이고 우리를 말 그대로 안정적 상태로 바꾼다. 〈그림 15〉를 보자.

호흡에 집중하거나 감각을 이용해 지금 이 순간을 충실히 느끼는 연습을 하면 마치 팔 근육을 단련하는 것처럼 뇌를 단련할 수 있다. 특히 부모가 되면 뇌가 더 유연해지기 때문에 훨씬 더 큰 효과를 볼 수 있다. 눈 감고 숨쉬기 같은 간단한 것을 배운다는 게 우습게 들릴 수도 있지만, 충분히 배울 필요가 있다.

다른 연습을 차치하더라도 규칙적으로 복식호흡을 하면 삶이 크게 바뀐다. 깊게 하는 복식호흡이 기분 좋은 이유는 이 호흡 패턴이 뇌의 휴식 영역을 자극하기 때문이다. 동물 대상 연구 결과, 가슴으로 빠르게 호흡하면 생존뇌가 활성화되어 스트레스 체계의 투쟁,

| 그림 15 | 호흡을 연습하면 뇌가 안정적 상태로 전환되며, 편도체 전전두피질의 회복 탄력성을 키울 수 있다.

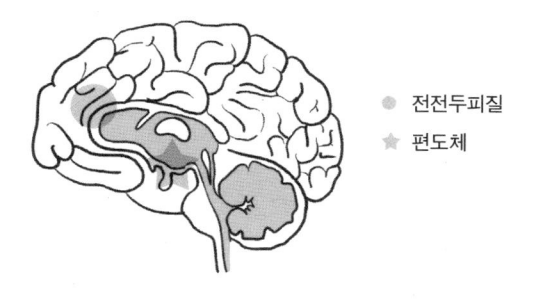

● 전전두피질
★ 편도체

도피, 경직 반응이 일어난다. 반면 배로 천천히 깊게 호흡하면 생존 뇌가 정서뇌의 세포에 신호를 보내 휴식을 취하도록 안정적 상태를 활성화시킨다.

복식호흡은 신체가 어떻게 정신과 뇌를 변화시키는지 보여주는 좋은 예다. 배는 우리 몸에서도 민감하고 취약한 부위다. 우리는 스트레스를 받으면 배를 보호하려 하는 경향이 있다. 편안하게 앉아서 눈을 감고 어깨는 젖히고 가슴과 배를 활짝 연 채로 깊게 호흡하면 지금 우리는 안전하고 쉬고 있다는 신호가 뇌로 전달된다. 복식호흡을 딱 열 번만 해도 우리 몸에 긍정적인 변화가 생긴다는 사실은 정말 놀랍다. 바로 해보자.

1. 의자에 앉아 발을 바닥에 딱 붙인다. 한 손은 심장 위에, 한 손은 배 위에 얹는다.

2. 어깨와 턱, 배의 긴장을 푼다. 등을 약간 뒤로 젖히고 배를 드러낸다.

3. 눈을 감고 깊게 열 번 호흡한다. 숨을 들이마실 때는 먼저 심장 위에 얹은 손이 움직이도록 가슴을 채우고, 그다음 배 위의 손이 움직이도록 배를 호흡으로 채운다. 깊게 들이마셔 배 위에 얹은 손이 움직이도록 하는 게 중요하다.

복식호흡은 언제 어디서나, 심지어 스트레스로 가득한 상황에서도 할 수 있다. 스트레스가 느껴지기 시작하면 복식호흡을 세 차례 해보자. 스트레스가 너무 심하다고 느껴지면 복식호흡을 열 번 깊게 하자.

하루에도 복식호흡을 여러 번 해 안정적 상태를 유지하는 것도 좋다. 처음에는 호흡을 1분으로 늘렸다가, 다음에는 3분, 하루에 최대 20분까지 늘리도록 연습해보자. 숨 쉴 때는 호흡 자체에 주의를 집중하자. 머릿속에 잡생각이 들어도 괜찮다. 다시 호흡에 집중하자. 호흡하기 전과 후의 기분을 주의 깊게 살펴보자.

복식호흡이 효과가 있다면 여기에 소리 내기를 추가해도 좋다. 소리 내기는 뇌를 더욱 자극해 이완을 늘리고 뇌와 신체를 안정적 상태에 놓이게 한다. 복식호흡을 할 때 목을 진동시키는 깊고 낮은 소리를 내면서 숨을 내쉬어보자. '으음, 흐음, 하아, 우우, 그르르' 같은 소리나 원하는 소리를 내면 된다. 소리를 내며 날숨을 세 번 쉰 다음에는 잠시 멈춰 쉬어보자.

가만히 앉아 숨을 쉬는 일이 자신에게는 전혀 맞지 않거나 때로는 잘 안 맞는다고 느끼는 사람들도 있을 것이다. 괜찮다. 안전감과

안정감을 느끼기 위해 몸을 움직여야 하는 때도 있다. 마음을 가다
듬으며 천천히 동네 한 바퀴 걷기, 자연 속에서 산책하기, 간단한 요
가 같은 좀 더 체계적인 활동을 시도해보자. 이러한 활동들은 느리
고 깊은 호흡으로 몸이 이완되도록 돕는다.

5. E - 스스로를 긍정적으로 보도록 연습하기

기분이 좋을 때는 스트레스 체계도 안정적 상태에서 휴식을 취
한다. 자기 자신에 대한 긍정적 감정의 상태를 오래 유지하면 편도
체와 전전두피질의 회로들을 재구성해 회복탄력성이 높아지도록
스트레스 체계를 재배선할 수 있다. 여러 연구에 따르면, 3주 동안
긍정적인 감정만 연습해도 성인의 뇌에는 측정 가능한 변화가 나타
난다. 〈그림 16〉을 보자.

긍정적인 뇌 회로를 생성하려면 노력이 필요하다. 뇌가 알아서
만들어주지 않기 때문이다. 물론 끔찍한 기분이 드는데도 모든 일

| 그림 16 | **자신을 긍정적으로 느끼는 연습을 하면 편도체와 전전두피질의 회복탄력
성과 건강을 키우도록 재배선할 수 있다.**

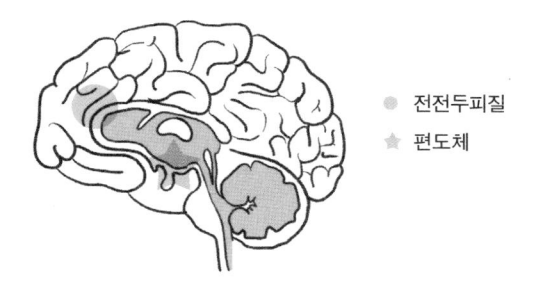

● 전전두피질
★ 편도체

이 좋은 척하거나, 부정적 감정을 무시하라는 말이 아니다. 모든 감정을 느끼고 자신을 그대로 인정하는 법을 배워 긍정적인 뇌 회로를 만들라는 것이다. 자신을 부드럽고 따뜻하게 대하는 연습을 반복하면 경고 신호를 발동하는 기준점을 높이도록 편도체가 재배선된다. 이렇게 말해주자.

"와, 넌 정말 좋은 엄마(혹은 아빠)다! 아이가 널 정말 사랑하네." "정말 뿌듯하겠다. 어려운 일이었는데, 정말 잘 해냈어." "넌 정말 열심히 했어. 넌 성공했어." "넌 최선을 다했고, 네가 할 수 있는 일은 다 했어." "넌 지금 이대로도 멋져." "누구나 실수를 해. 무슨 일이 있어도 넌 충분히 사랑받을 자격이 있어."

지나칠 정도로 스스로를 친절하게 대하자. 나는 똑똑하고, 훌륭한 부모이고, 아름답고, 강하고, 뛰어난 직관을 지녔으며, 창의적이고, 회복력이 높고, 뇌가 어려워하는 일도 척척 해낸다고 자신에게 말해주자.

긍정적 감정을 키우는 다른 방법으로 호흡 운동에 긍정적 감정을 더하는 것이 있다. 먼저 복식호흡을 시작하고, 그다음 기쁨이나 안정감을 느끼게 하는 대상을 떠올리자. 특별한 사람, 특별한 장소, 특별한 추억 등 긍정적 감정을 불러일으키는 대상을 떠올리자. 생각하면서 2분간 호흡하자. 그 사람, 그 장소, 그 추억을 떠올리면 어떤 부분에서 기쁨이 느껴지는지 감지하고 그것을 유지하자.

스스로에게 끊임없이 이렇게 말해주면 도움이 될 것이다. "나는 아름다워. 삶의 어떤 시기에 있든 나는 내 몸을 사랑해. 내 몸은 정말 놀라운 일을 했어. 내가 무려 아기를 키우고 있어(혹은 '내 몸이 아기를 돌보고 있어', '내 몸은 건강을 유지하고 있어'). 어떤 상태든 나는 지금의 내 몸을 사랑하지만, 운동을 하거나 더 강해지고 싶어."

하루 이틀 만에 성공할 수 있는 훈련이 아니다. 일상적으로 자기 자신을 관대하게 대하기까지는 시간이 걸리겠지만, 연습할 가치는 충분히 있다.

육아 에너지를 회복하는 장기 전략 - 'I CARE' 연습법

매일 'I CARE' 기법을 연습하면 스트레스 체계의 회복탄력성이 더 높아지고 더 풍부한 양육이 가능해진다. 일상에서 이 연습법을 어떻게 하면 실천할 수 있을지 고민해보자. 일상 활동 중 하나를 제외하고 그 시간대를 연습 시간으로 만들거나, 아침에 일어나자마자 혹은 잠자리에 들기 전에 하는 사람들도 있고, 매 식사 직전이나 정해진 휴식 시간에 실행하는 등 기존의 일상에 통합하는 사람들도 있다. 도움이 된다면 휴대전화에 알람을 설정해두는 것도 방법이다.

10~20분 연습 예시

1. 물 한 잔을 떠놓고 몸에서 오는 느낌과 감각에 귀를 기울인다.

2. 2분 이상 호흡한다. 긍정적 감정을 추가해도 좋다.

3. 스스로에게 좋은 말을 해주거나 감사한 것에 관해 이야기한다.

4. 감정 단어 목록을 읽어보자. 지금 어떤 감정을 느끼고 있는지, 전날 혹은 전주에 느낀 가장 거대한 감정은 무엇이었는지 떠올린다.

5. 충족되지 않은 욕구가 있다면 목록으로 적어보자. 욕구를 충족할 수 있도록 계획을 세워보자.

시간이 지나면 'I CARE' 연습법은 육체 에너지를 더 강하게 해 아이의 감정과 행동에 더 편해지고 스트레스 민감도도 낮아진다. 내가 되고자 하는 부모가 될 수 있는 것이다. 즉각적인 변화를 바라지는 말자. 신경계에서 신경가소성이 제 역할을 하려면 시간이 필요하다. 더 이상 기다릴 수 없고 당장 자기 조절을 할 방법이 필요하다면, 'SPACE 키우기' 연습법을 활용해보자.

육아 에너지를 회복하는 단기 전략 - 'SPACE 키우기' 연습법

'SPACE 키우기'는 개인적으로 육아에서 무척 어려운 부분 중 하나였고, 지금도 계속해서 노력하고 있는 연습법이다. '많은 부모가 자극(칭얼거리는 아이)과 반응(소리를 지르는 부모) 사이에서, 어떻게 올바르게 반응해야 할지 생각할 수 있는 여유 공간space을 잘 만들지 못한다. 아이의 행동과 부모의 반응 사이에 여유 공간을 만들면 스트레스 상태에서 보다 안정적으로 반응할 수 있다.

아이가 악을 쓰거나, 무언가를 던지거나, 당신을 때리거나, 누군 가에 의해 실망했을 때, 아이가 보이는 자극과 부모의 반응 사이에 여유 공간이 없으면, 부모는 반응하는 방식을 생각하기 어렵다. 그 결과 아이에게 소리를 지르고, 모든 걸 차단하는 등 언젠가 후회할 방식으로 대응하게 될 수 있다.

자극과 반응 사이에 여유 공간을 만들면 어떤 반응을 할지 선택 할 수 있는 자유와 선택권이 생긴다. 아래의 방법으로 함께 공간을 만들어보자.

1. 자신의 상태를 인식하기 Self-awareness

스트레스를 느끼기 시작할 때 몸에 어떤 느낌이 드는지 주목해 보자. 어떤 생각이, 어떤 감정이 드는지 쫓아가 보자. 투쟁-도피 상 태에 빠지는가, 아니면 경직 상태에 빠지는가? 투쟁-도피 상태라면 분노, 불안감, 흥분감, 에너지, 곤두선 신경, 긴장감이 느껴지고 근시 안적인 반응을 보일 수 있다. 경직 상태라면 슬픔이나 두려움, 무감 각함, 낙담, 지루함, 우울함, 무력함, 긴장감을 느낄 수 있다.

이런 상태에 빠지면 어떤 생각이 드는지 주목하자. 몸에 어떤 느 낌이 드는지 주목하자. 나의 상태를 알아차려야 안정적 상태로 돌아 갈 수 있다.

2. 즉각적인 반응 멈추기 Pause your immediate reaction

스트레스를 느끼거나 자신이 투쟁, 도피 혹은 경직 반응을 보이려 한다면 즉시 튀어나오려는 반응에 일단 제동을 걸자. 그러면 여유 공간을 확보하면서도 공격적인 반응이 나오는 것을 막을 수 있다.

예를 들어 아이가 계속해서 소리를 지르며 포크로 두드리면서 음식을 던지고 있다. 소리치고 싶은 마음이 들겠지만, 즉시 튀어나오려는 반응을 멈추려고 해보자. 낮은 목소리로 "지금 너무 힘들다"라고 내뱉거나, 아니면 방을 바로 나가는 것도 방법이다. 즉각적인 반응을 멈추면 마음의 공간을 확보할 여유가 생긴다.

3. 감각과 감정을 알아차리기 Aware of the sensation

몸에서 각 감각이 어디에 있는지 느끼자. 머릿속에 이런저런 생각이 떠오른다면 주의를 다시 몸에 집중시키고, 이를 90초 정도 유지하자. 떠오르는 감정에 이름을 붙여주다 보면 감정은 지나간다. 턱과 어깨에 힘을 빼자. 몸의 자세를 닫힌 자세에서 열린 자세로 바꾸자. 배 부분을 활짝 열고, 숨을 느끼면서 호흡하자.

4. 일단 움직이기 Create movement

몸에 집중하자. 몸에서부터 에너지를 이동시키자. 투쟁-도피 상태에 있다면, 즉 격렬한 감정에 정신이 없어서 소리를 지르거나 도망치고 싶다면 아래의 방법을 시도해보자.

• 몸 움직이기: 몸을 흔들고, 춤추고, 폴짝폴짝 뛰고, 팔 벌려 뛰기도 해

보고, 달리고, 하품도 해보자. 몸을 움직이면 스트레스 체계로 흘러가야 할 에너지가 사용되기 때문에 스트레스가 줄고 차분해진다.

- 감정 표현하기: 감정에 실체가 있거나 감정이 소리로 표현된다면 어떨까? 불안함을 느낀다면 몸을 흔들거나, 아니면 '우우우우우' 같은 소리를 내보자.

경직 상태에 있다면, 즉 격렬한 감정에 정신이 없어서 숨거나 잠들고 싶다면 아래의 방법을 시도해보자.

- 음악 듣기: 좋아하는 곡을 듣거나 악기를 연주한다.
- 노래 부르기 또는 흥얼거리기: 좋아하는 노래를 부르거나 흥얼거린다.
- 살살 움직이기: 몸을 천천히 흔들거나 춤을 춘다.
- 자세 바꾸기: 몸의 자세를 닫힌 자세에서 열린 자세로 바꾸자. 배 부분을 활짝 열고 호흡하자.

5. 감정에 이름 붙이기 Emotion processing

감정을 느끼고 몸을 움직인 다음 감정과 욕구에 이름을 붙여주자. 그런 다음 할 수 있다면 아이의 감정과 욕구에도 이름을 붙여주자. 마지막으로 이 경험에 도움이 될 문구를 생각해보자.

전체적인 과정은 이렇다. 당신은 지금 자극과 마주하고 있다. 아이가 "다른 거 먹을래, 다른 거!"라고 보채며 주어진 음식을 먹지 않는다. 그리고 집에는 아이한테 줄 만한 다른 음식이 없다.

자신의 상태를 인식하기: 몸이 굳으면서 목 뒤편으로 통증이 느껴진다. 스트레스가 쌓이고 있음을 인지한다.

즉각적인 반응 멈추기: "다른 거 없어!"라고 소리치고 싶지만 참는다. "이것 말고는 지금 없단다. 엄마에게 시간을 줄래?"라며 부드럽게 말한다. 일어나 식탁을 벗어난다.

감각과 감정을 알아차리기: 호흡을 하며 몸의 긴장이 오르내리는 것을 느낀다. 뒷목과 목구멍이 타는 듯한 느낌을 받는다. 어깨와 턱, 골반 부근을 이완하고, 호흡을 유지하며 배를 활짝 연다. 아이에게 "엄마가 지금 격렬한 감정을 느끼고 있단다"라고 말해줘도 좋다.

일단 움직이기: 감정에서 파생되는 에너지를 계속 느낀다. 팔을 위아래로 움직이며 깊고 낮은 목소리로 '옴' 하는 소리를 낸다. 아이에게 "엄마는 지금 이 격렬한 감정을 느끼고 있어"라고 말해줘도 좋다.

감정에 이름 붙이기: 지금의 감정이 무엇인지 파악한다. 공감 육아를 활용해 현재 상황을 되짚어본다. "아이가 '다른 거!'라고 하면서 먹기 싫어하고 있네. 나는 투쟁 반응과 함께 스트레스, 분노, 짜증을 느끼고 있어. 나는 이 감정들을 극복하고 안정적 상태로 돌아왔어. 괜찮아, 할 수 있어. 아이의 감정은 영원히 이어지지 않을 테고, 나는 극복할 수 있어."

SPACE를 활용해 반응해주기

이제 공감 육아로 아이에게 반응해주자. "'다른 거!'라고 말하고 있구나(행동). 우리 아가가 배가 고픈데 기분도 안 좋은가 보다(감정). 안전함을 느낄 수 있도록 엄마가 도와줄까(욕구)? 엄마 무릎 위에 올라와서 한 입씩 먹어보자."

이 단기 연습법은 처음에는 느리게 진행된다. 약간은 어색하고 우습게 느껴질 수도 있다. 이런 걸 한다는 게 부끄럽고 어리석게 느껴질 수도 있다. 생각만 해도 피곤하거나 짜증 날 수도 있고, '당장 애가 바닥에 누워 악을 쓰며 울고 있는데 이런 걸 할 정신이 어디 있나' 싶을 수도 있다. 이 모든 생각은 자신의 상태를 알아가는 과정의 일부다. 최대한 나의 신체 감각에 집중하자. 내면에서부터 자신을 느껴보자. 차차 더 원활하고 빠르게 할 수 있을 것이다. 나의 상태와 감정, 욕구들이 차차 더 명확해질 것이다.

상담하는 가족 대부분이 결국 아이가 이 방법을 좋아하게 된다는 걸 알게 되었다. 아이들은 '옴' 하는 소리에 호기심을 보이거나 까르르 웃고, 부모와 함께 춤을 추거나 벽을 민다. 아이는 부모에게서 자신의 감각과 감정에 집중하는 법을 배운다. 아이와 함께 연습을 해도 좋다.

"이런, 엄마가 물도 마시면서 혼자만의 시간을 가지려고 했는데, 네가 놀아달라고 해서 그러지 못하는 바람에 심술이 났어. 엄마가 잠깐만 쉬고 와서 같이 퍼즐 놀이를 하자." "우리 아가가 안아달라고 했는데, 엄마가 뭘 먹어야 한다는 걸 잊고 있던 탓에 좀 짜증이 났어. 미안해. 엄마가 얼른 간식 먹고 와서 안아줄게."

마지막으로 한 마디를 더해야겠다. 육아하는 동안 자신을 채찍질하지 말자. 부모도 사람이다. 당신의 뇌는 지금 아이와 함께 당신 스스로를 돌볼 수 있게 만드는, 아름다운 변화의 과정에 있다.

사랑으로 키우되 뇌과학으로 육아하라

이 책을 집필한 건 내 아이가 소중한 영아기를 보내고 있던 코로나 펜데믹 시기였다. 아들이 어린이집에서 돌아와 콧물을 흘리거나 재채기를 하기 시작하면 코로나 검사를 받아야 했기 때문에 책을 쓰고 멈추기를 수도 없이 반복해야 했다. 남편과 나는 묘기를 부리듯 풀타임 업무와 풀타임 육아를 번갈아가며 해야 했다. 아들에게 안정적인 존재가 되어주면서 부모의 뇌를 보살필 시간을 확보하고, 또 (대개 아이와 떨어져) 일까지 하느라 애쓰면서, 어린 자녀를 키우는 일이 얼마나 외로운 일인지 생각하지 않을 수 없었다.

글을 쓰고 있는 지금, 펜데믹의 위기가 끝날 기미가 보이지 않는 가운데 세상이 다시 개방되면서 아이가 있는 부모들은 일종의 중간 지대에 남겨졌다. 부모들은 정시에 출근하면서도 외부 지원은 거의 전무한 상태로 아이와 자신을 돌보기 위해 안간힘을 쓰고 있다. 사실 펜데믹 이전의 육아와 크게 다른 부분은 없다. 그러나 공중 보건의 위기로 인해 이미 감당하기 어렵던 상황에 어려움이 더해졌다. 사회적·제도적 관점에서 보면 어린 자녀를 둔 부모는 거의 모든 것을 혼자 알아서 해야 한다.

팬데믹 기간 동안 대면 만남을 통한 전문적·사회적 지원이 사라진 것은 치명적이었지만 사회적 압박이 사라진 덕분에 도리어 아이를 키우기 더 쉬웠다고 이야기한 부모가 많았다. 누구도 아이를 안고, 아이와 함께 자고, 젖을 먹이고, 무조건 반응해주고, 아이의 모든 감정을 받아들인다고 해서 의문을 제기하거나 비난하지 않았다. 이들은 아이의 버릇을 핑계로 열악하게 양육해야 한다는 강력한 문화적 압박에서 자유로워졌다고 느꼈다.

열악한 양육을 기반으로 하는 사회는 뇌와 건강의 발달을 위해 양육을 필요로 하는 아이와 부모들을 비난하고, 거부하고, 이들에게 스트레스를 안긴다. 아이의 감정을 무시하고 스트레스를 감추도록 하며 독립 수면을 강요하면서 인지 능력과 학습에만 집착하는 사회는 아이의 뇌와 신체 건강을 보살필 수 없다.

지난 100년 동안 이렇게 육아한 덕에 우리가 어떻게 되었는지 생각해보라. 정신 건강은 유례없을 정도의 최악의 상황에 직면해 있으며, 점점 더 어린 나이에 더 심한 고통을 받기 시작하고 있다. 지금 당장 방향을 바꿔 서로를 돕고 지식을 전파해 새로 부모가 되는 이들에게 힘을 실어주는 건 어떨까?

가끔은 지금과는 다른 상황에서 이 책을 썼다면 더 좋았겠다고 생각한다. 실질적이고 안정적인 육아휴직 체계가 있고, 트라우마 및 전문 정신 건강 전문가를 쉽게 만날 수 있으며, 모든 가정이 영아 및 가족 수면 전문가의 도움을 받을 수 있고, 수정란의 착상과 유산,

임신기, 출산, 산후, 영아기에 대한 교육적·정서적·신체적 지원을 제공하며, 모든 엄마와 산모에게 골반 물리치료를 제공하고, 모든 가정이 운동과 마사지 요법을 받을 수 있고, 최소 4개월간 산후 가정 지원이 제공되며, 양질의 육아 기반, 아동 주도의 보육 서비스가 부담 없는 가격이나 아예 무료로 모두에게 지원되는 그런 사회에서 아이를 육아하라고 할 수 있었다면 얼마나 좋았을까. 연구를 통해 밝혀진 사실이 우리 아이들의 뇌 발달에 좋다는 사실을 받아들이기 얼마나 더 쉬웠을까!

위와 같은 지원이 있다면 아이와 부모의 스트레스가 감소하고 정신 건강이 증진되고 뇌 발달은 촉진되었을 것이다. 우리에게는 아이의 뇌가 발달하도록 지원해줄 사회가 필요하다.

사회적인 변화는 시간이 걸리지만, 당장의 육아는 기다릴 필요가 없다. 부모 자신과 우리 아이를 위해서는 바로 오늘 최선을 다해 양육해야 한다. 아무리 공공 자원이 부족하다 하더라도 말이다. 완벽할 필요는 없다. 아이를 달래서 재울 때, 아이와의 연결감 형성을 연습할 때, 아이의 스트레스를 공동 조절할 수 있도록 자기 조절을 할 때, 이 모든 순간이 부모들을 위한 집단 치유와 우리 아이들을 위한 예방적 의학 조치에 참여하는 것이다.

임신한 친구가 내게 이렇게 말한 적이 있다. 어머니에게 물려받은 아픔들을 지울 수는 없다는 걸 알고 있다고. 그래서 내가 말했다. 모든 걸 치유해야 한다는 부담을 느낄 필요는 없다고. 어린 시절에 겪은 고통이 백 개고 그중 다섯 개만 치유됐어도 아이에게는 엄청난 차이를 낳을 거라고. 조절 능력이 조금 더 나아졌거나, 바로잡는 능력이 조금만 더 나아졌거나, 교감하는 능력이 조금만 더 나아져도 악순환을 깰 수 있다고.

사소한 변화 같아 보여도 거대한 차이를 낳고, 그것이 눈덩이처럼 불어나며 더 큰 변화로 이어진다. 우리가 하는 크고 작은 양육 모두 아이에게는 중요하게 작용한다. 세상에 완벽한 뇌는 없다. 부모가 아이와 관계를 형성하고, 있는 그대로의 아이를 보고 소중히 여기며, 밀착과 스트레스 관리에 대한 욕구를 해소해줄 능력을 키우면 키울수록 아이의 회복탄력성도 커진다.

아이와 함께 마주하는 모든 즐겁고, 아프고, 사랑스럽고, 절망적이고, 행복한 상황에서 양육 직관을 활용할 수 있도록 이 책이 도움이 되면 좋겠다. 아이와 함께 내리는 모든 결정의 탄탄한 기반이 되면 좋겠다. 양육을 중심에 둔다면 어떤 상황도 극복할 수 있으며, 아이의 뇌에 가장 건강한 선택을 내릴 수 있을 것이다.

건강한 자녀와 부모 관계는 아이에게는 건강한 정신을 위한 근간을, 부모에게는 정신 건강을 회복할 기회를 준다. 이러한 관계가 바탕이 되어야 아이를 가졌을 때 꿈꿨던 소망을 이룰 수 있다. 양육은 우리가 되고 싶은 부모가 되도록 해주고, 우리가 갖고 싶던 부모가 되도록 해주고, 아이가 꿈꾸는 부모가 되도록 해준다. 특히 부모와의 유대감과 공동 조절에 대한 욕구는 평생 사라지지 않는다.

발달하는 아이의 뇌에 대해 모두가 알아야 한다. 귀를 기울이는 법을 배워야 비로소 아이들의 목소리를 크고 확실하게 들을 수 있을 것이다. 확신이 들지 않을 때는 숨을 가다듬고 아이의 메시지에 귀를 기울이자. 분명 중요한 메시지를 전달하고 있을 것이다.

아이와 부모 자신을 위한 양육은 노력하고, 싸우고, 일찍 잠들고, 다시 연결되고, 감정을 배우고, 바로잡고, 아이의 시선에서 바라보고, 스스로를 돌보고, 자신을 재구성할 가치가 있는 것이다.

『탈무드』에서 내가 가장 좋아하는 구절이 있다. "한 사람의 생명을 구하는 사람은 온 세상을 구한 것과 같다." 육아도 비슷한 방식으로 생각하자. 하나의 생명을 양육하는 사람은 온 세상을 양육하는 것과 같다고.

KI신서 11746

0~3세 기적의 뇌과학 육아

1판 1쇄 발행 2024년 7월 17일
1판 2쇄 발행 2025년 1월 2일

지은이 그리어 커센바움
옮긴이 이은정
펴낸이 김영곤
펴낸곳 (주)북이십일 21세기북스
인문기획팀 팀장 양으녕   **인문기획팀** 이지연 서진교 노재은 김주현
표지디자인 지완   **본문디자인** 푸른나무디자인
해외기획실 최연순 소은선 홍희정
출판마케팅팀 한충희 남정한 나은경 최명열 한경화
영업팀 변유경 김영남 강경남 황성진 김도연 권채영 전연우 최유성
제작팀 이영민 권경민

출판등록 2000년 5월 6일 제406-2003-061호
주소 (10881) 경기도 파주시 회동길 201(문발동)
대표전화 031-955-2100 **팩스** 031-955-2151 **이메일** book21@book21.co.kr

ⓒ 그리어 커센바움, 2024
ISBN 979-11-7117-434-8 13590

(주)북이십일 경계를 허무는 콘텐츠 리더

21세기북스 채널에서 도서 정보와 다양한 영상자료, 이벤트를 만나세요!
페이스북 facebook.com/jiinpill21   **포스트** post.naver.com/21c_editors
인스타그램 instagram.com/jiinpill21   **홈페이지** www.book21.com
유튜브 youtube.com/book21pub

당신의 일상을 빛내줄 탐나는 탐구 생활 〈탐탐〉
21세기북스 채널에서 취미생활자들을 위한 유익한 정보를 만나보세요!